Tutorien zur Elektrotechnik

Unser Online-Tipp
für noch mehr Wissen …

informit.de

Aktuelles Fachwissen rund um die Uhr
– zum Probelesen, Downloaden oder
auch auf Papier.

www.informit.de

Christian H. Kautz

Tutorien zur Elektrotechnik

ein Imprint von Pearson Education
München · Boston · San Francisco · Harlow, England
Don Mills, Ontario · Sydney · Mexico City
Madrid · Amsterdam

Bibliografische Information der Deutschen Nationalbibliothek

Die Deutsche Nationalbibliothek verzeichnet diese Publikation in der Deutschen Nationalbibliografie;
detaillierte bibliografische Daten sind im Internet über *http://dnb.d-nb.de* abrufbar.

Die Informationen in diesem Produkt werden ohne Rücksicht auf einen eventuellen Patentschutz veröffentlicht.
Warennamen werden ohne Gewährleistung der freien Verwendbarkeit benutzt.
Bei der Zusammenstellung von Texten und Abbildungen wurde mit größter Sorgfalt vorgegangen.
Trotzdem können Fehler nicht vollständig ausgeschlossen werden.
Verlag, Herausgeber und Autoren können für fehlerhafte Angaben und deren Folgen weder eine juristische
Verantwortung noch irgendeine Haftung übernehmen.
Für Verbesserungsvorschläge und Hinweise auf Fehler sind Verlag und Herausgeber dankbar.

Alle Rechte vorbehalten, auch die der fotomechanischen Wiedergabe und der Speicherung in elektronischen Medien.
Die gewerbliche Nutzung der in diesem Produkt gezeigten Modelle und Arbeiten ist nicht zulässig.

Fast alle Hardware- und Softwarebezeichnungen und weitere Stichworte und sonstige Angaben, die in diesem Buch
verwendet werden, sind als eingetragene Marken geschützt.
Da es nicht möglich ist, in allen Fällen zeitnah zu ermitteln, ob ein Markenschutz besteht, wird das ®-Symbol in
diesem Buch nicht verwendet.

Umwelthinweis:
Dieses Buch wurde auf chlor- und säurefreiem PEFC-zertifiziertem Papier gedruckt.
Die Einschrumpffolie – zum Schutz vor Verschmutzung – ist aus umweltverträglichem und recyclingfähigem
PE-Material.

10 9 8 7 6 5 4 3 2 1

12 11 10

ISBN 978-3-8273-7323-6

© 2010 by Pearson Studium,
ein Imprint der Pearson Education Deutschland GmbH,
Martin-Kollar-Straße 10–12, D-81829 München
Alle Rechte vorbehalten
www.pearson-studium.de
Lektorat: Birger Peil, bpeil@pearson.de
Korrektorat: Brigitta Keul
Einbandgestaltung: Thomas Arlt, tarlt@adesso21.net
Coverabbildung: Kurt Fuchs
Herstellung: Philipp Burkart, pburkart@pearson.de
Satz: Kösel, Krugzell
Druck und Verarbeitung: Bercker Graphischer Betrieb, Kevelaer

Printed in Germany

Inhaltsverzeichnis

Vorwort

I Ein Modell für Stromkreise
(aus: McDermott/Shaffer, *Tutorien zur Physik*)

Strom und Widerstand
Tutorial 17
Übung 21

Spannung
Tutorial 25
Übung 33

Mehrere Batterien
Tutorial 39
Übung 43

Laden und Entladen von Kondensatoren
Tutorial 47
Übung 53

II Gleichstromnetzwerke

Modelleigenschaften
Tutorial 57
Übung 61

Quellen und Arbeitsgeraden
Tutorial 65
Übung 69

Ersatzquellen
Tutorial 71
Übung 75

Leistung
Tutorial 77
Übung 81

III Grundlagen der Wechselstromtechnik

Schaltungselemente R, L und C im Zeitbereich
Tutorial 85
Übung 89

Zeigerformalismus und komplexwertige Signale
Tutorial 91
Übung 95

Phasenbeziehungen
Tutorial 97
Übung 101

Zeiger und Effektivwerte
Tutorial 103
Übung 107

Impedanz und Admittanz
Tutorial 109
Übung 113

Ortskurven
Tutorial 115
Übung 119

Leistung in Wechselstromnetzwerken
Tutorial 121
Übung 125

IV Anwendungen der Wechselstromtechnik

Blindleistungskompensation
Tutorial 129
Übung 133

Schwingkreise
Tutorial 135
Übung 139

Bode-Diagramme
Tutorial 141
Übung 145

Dreiphasensysteme
Tutorial 147
Übung 153

Transformatoren und Übertrager

Tutorial 153

Übung 161

V Nicht-lineare und aktive Bauelemente

Transistorschaltungen

Tutorial 165

Übung 169

Operationsverstärker

Tutorial 171

Übung 175

Vorwort

Die *Tutorien zur Elektrotechnik* sind als ergänzende Lehrmaterialien zu einer zweisemestrigen Lehrveranstaltung *Grundlagen der Elektrotechnik* in verschiedenen ingenieurwissenschaftlichen Studiengängen entwickelt worden. Die Materialien betonen in erster Linie das Verständnis der grundlegenden Begriffe und Modellvorstellungen sowie der wichtigsten Zusammenhänge, die sich zwischen diesen ergeben. Durch eine aktive Auseinandersetzung mit überwiegend qualitativen Fragen sollen ein tieferes Verständnis des Stoffes erreicht und typische Fehlvorstellungen überwunden werden. Dementsprechend sollen die *Tutorien* die traditionellen Komponenten ingenieurwissenschaftlicher Lehre, also Vorlesung, Lehrbuch oder Skript und herkömmliche Übungsaufgaben, nicht ersetzen, sondern um eine zusätzliche Aktivität erweitern.

Die *Tutorien* bieten sich dafür an, in einer neuen Lernumgebung – einem nach Möglichkeit wöchentlich stattfindenden Tutorium mit mehreren Arbeitsgruppen aus je etwa vier Studierenden – eingesetzt zu werden. Für diese Veranstaltungskomponente ist eine Betreuung durch erfahrene Dozent(inn)en oder Tutor(inn)en notwendig, um die Studierenden bei Fragen zu den Materialien zeitnah zu unterstützen.

Die Entwicklung der *Tutorien zur Elektrotechnik* wurde in entscheidender Weise durch die *Tutorien zur Physik* von L. C. McDermott und P. S. Shaffer angeregt. Die vier in Teil I des vorliegenden Werkes enthaltenen Tutorien zum Modell des Gleichstromkreises sind in sehr enger Anlehnung an die entsprechenden Original-Tutorien gehalten. Darüber hinaus dienten die *Tutorien zur Physik* auch als Vorbild für das gesamte Werk.

Letzteres gilt nicht nur für den Stil der hier enthaltenen Arbeitsblätter, sondern auch für den Prozess ihrer Entstehung. Wie bei den *Tutorien zur Physik* wurde versucht, konkrete Ergebnisse fachdidaktischer Untersuchungen zum jeweiligen Themengebiet direkt in die Materialien einfließen zu lassen und den Erfolg einzelner Tutorien anhand der Ergebnisse von Nachtests und Klausuren zu evaluieren. Im Unterschied zur Physik sind auf dem Gebiet der Elektrotechnik jedoch bislang nur sehr wenige fachdidaktische Forschungsarbeiten in der Literatur zu finden (wenn man von einer recht großen Zahl von Untersuchungen zum Verständnis einfacher Gleichstromkreise, meist auf dem Niveau der Sekundarstufe, einmal absieht). Eigene Untersuchungen auf diesem Gebiet wurden vor einigen Jahren an der TU Hamburg-Harburg begonnen und haben für viele der Tutorien entscheidende Hinweise gegeben. Alle hier enthaltenen *Tutorien* wurden in dieser oder einer früheren Form bereits mehrmals in Lehrveranstaltungen an der TU Hamburg-Harburg eingesetzt.

VORWORT

Zur Handhabung des Buches

Für Dozenten:

Wie oben bereits erwähnt, sollten die *Tutorien* in einer eigens hierfür vorgesehenen Veranstaltungskomponente, einem *Tutorium,* von den Studierenden selbst bearbeitet werden. Ein „Vorrechnen" vor der Gruppe durch Teilnehmer oder Tutoren, wie es in vielen Gruppenübungen in technischen Fächern üblich ist, wird nach unserer Erfahrung nur geringe Lernfortschritte zur Folge haben. Bei einer Einteilung in Kleingruppen zu je vier Studierenden können auf diese Weise Übungsgruppen von etwa 25 Teilnehmern ohne Schwierigkeiten von einer Lehrkraft betreut werden. Bei größeren Übungsgruppen bietet sich der Einsatz mehrerer Lehrkräfte an, um den Betreuungsaufwand zu reduzieren. Dies kann z.B. durch studentische Tutoren erreicht werden, die diese Tätigkeit entweder gegen Bezahlung oder zur Erbringung einer Studienleistung, etwa eines Seminars zur Lehre, ausüben. Wie der später folgende Abschnitt „Für Tutoren" deutlich machen soll, handelt es sich hier um keine leichte Aufgabe. Eine dieser Herausforderung entsprechende wöchentliche Vorbereitungsrunde für die Tutoren hat sich für uns als notwendige Bedingung für den Erfolg der Tutorien erwiesen.

Sollte die Einrichtung *zusätzlicher* Tutorien nicht möglich sein, erscheint es sinnvoll, die herkömmlichen Übungsgruppen durch Tutorien zu ersetzen und die Lösungen zu den dort bisher behandelten Übungsaufgaben den Studierenden auf anderem Wege zur Verfügung zu stellen. Als Alternative zum *Tutorium* hat sich jedoch auch der Einsatz der Materialien in der Vorlesung, in Form einer *Hörsaalübung*, bewährt. Dies lässt sich auch mit über 400 Studierenden in einem ausreichend großen Hörsaal erfolgreich durchführen, wenn eine entsprechende Anzahl von Tutoren zur Verfügung steht, welche die Studierenden bei auftretenden Schwierigkeiten zeitnah und individuell unterstützen können.

Hinsichtlich der Stoffauswahl wurde in der vorliegenden Ausgabe angestrebt, alle wesentlichen Begriffe der Themenbereiche Gleichstrom- und Wechselstromnetzwerke zu behandeln. Nicht enthalten ist der Themenbereich der elektrischen und magnetischen Felder. Zumindest für den Einstieg in diese Themen sind in den bereits erwähnten *Tutorien zur Physik* eine Reihe sehr empfehlenswerter Arbeitsblätter (unter anderem zum *Gauß'schen Satz* und zur *Kapazität*) enthalten.

In den meisten Fällen sind die Tutorien darauf angelegt, nach der Einführung der Begriffe in der Vorlesung eingesetzt zu werden. Viele von ihnen können jedoch auch als Einführung in ein Thema dienen. Gerade das erste Arbeitsblatt *Strom und Widerstand* bietet die Gelegenheit zu sehr elementaren Beobachtungen und Schlussfolgerungen, so dass hier ohne Voraussetzungen aus der Vorlesung mit den Tutorien begonnen werden kann. Unsere Erfahrung zeigt, dass bei vielen Studierenden bereits an dieser Stelle wesentliche Verständnisschwierigkeiten auftreten, die häufig auch ein Semester später noch nicht überwunden sind, wenn nicht gezielte Hilfestellung gegeben wurde.

Für Studierende:
Die Form der hier vorliegenden Materialien mag, zumal an der Hochschule, zunächst ungewohnt erscheinen. Sie soll es den Studierenden jedoch ermöglichen, sich auf eine Weise mit dem Lernstoff auseinanderzusetzen, die wesentlich nachhaltigeres Lernen ermöglicht als die häufig eher passive Teilnahme an Vorlesungen und herkömmlichen Übungen. Voraussetzung dafür ist allerdings, dass die Studierenden die Materialien nicht nur lesen, sondern sie Schritt für Schritt durcharbeiten und ihre Antworten in einer Arbeitsgruppe gemeinsam diskutieren. Die in diesem Zusammenhang auftretenden Wendungen wie „Begründen Sie" oder „Diskutieren Sie Ihre Antworten mit einem Tutor" sollen in der Tat beachtet werden. Zudem wird aus dem hier Gesagten deutlich, dass das Fehlen von Musterlösungen didaktisch motiviert ist und als Chance verstanden werden soll. Die Betonung einer *einzigen* richtigen Antwort würde vielen der in den *Tutorien* gestellten Fragen ohnehin nicht gerecht werden und dem hier vertretenen Lernansatz deutlich widersprechen.

Generell wurde beim Satz darauf geachtet, dass der Zwischenraum zwischen den Fragen dazu ausreicht, die Antwort (in der Regel stichwortartig) dort festzuhalten. Abbildungen, Zeichenfelder und Tabellen, um die ein dicker blauer Rahmen gesetzt ist, sollen von den Studierenden selbst um Skizzen oder Eintragungen ergänzt werden. Textabschnitte, die gerade erarbeitete Ergebnisse zusammenfassen und verallgemeinern oder neue Begriffe einführen, sind durch eine dünne Umrahmung vom übrigen Text abgesetzt.

Für Tutoren:
Den Tutoren fällt beim Einsatz der *Tutorien* möglicherweise die schwierigste Rolle zu. Ihre Aufgabe ist es, den Studierendengruppen durch geringst mögliche Hilfestellung zur erfolgreichen Eigenarbeit zu verhelfen. Dabei erfordert jede Interaktion mit einer Studierendengruppe gleichzeitig die Konzentration auf mehrere Fragen: Wie weit ist die Gruppe fortgeschritten? Wo könnten in dem bereits bearbeiteten Material noch Missverständnisse oder Fehler liegen? An welcher Problemstellung arbeitet die Gruppe momentan, und welche Erkenntnis fehlt der Gruppe (oder einzelnen Teilnehmern) noch zur erfolgreichen Bearbeitung dieser Teilaufgabe? Arbeiten die Teilnehmer effektiv als Gruppe miteinander? Gibt es möglicherweise einzelne Mitglieder, die eine eher passive Rolle eingenommen haben, z. B. nur Ergebnisse der anderen mitschreiben?

Die Beachtung aller dieser Aspekte wird zudem noch durch die Notwendigkeit erschwert, sich die richtige Antwort der betreffenden Teilaufgabe sowie eine nachvollziehbare Begründung erneut vor Augen zu führen. Darüber hinaus müssen typische „Fallen" erkannt und umgangen werden: z.B. die Absicht, die gesuchte Antwort den Studierenden „einfach nur richtig zu erklären", die um so verständlicher ist, wenn man sich als Studierende(r) im höheren Semester noch erinnert, wie man das entsprechende Thema nach langer Anstrengung endlich selbst richtig verstanden hat, oder das Bedürfnis, einem Gruppenmitglied, das sich leise mit einer Frage direkt an den Tutor wendet, durch einen kurzen Nachhilfevortrag den Anschluss an die Gruppe zu ermöglichen (was in der Regel daran scheitert, dass diese in der Zwischenzeit ihren „Vorsprung" noch ausgebaut hat). All dies im Auge zu behalten, stellt auch für erfahrene Dozenten noch eine Herausforderung dar. Ziel sollte also sein, mit offenen Augen und Ohren an diese Aufgabe heranzugehen und durch ein gewisses Maß an Selbstreflexion aus jedem Tutorium Erfahrungen mitzunehmen, mit denen sich die eigenen didaktischen Fähigkeiten weiterentwickeln lassen.

Hinweise zum Experimentiermaterial:

In den vier Tutorien in Teil I sowie in den Tutorien *Modelleigenschaften* und *Leistung* werden wesentliche Ergebnisse anhand einfacher Experimente erarbeitet. Die hierfür notwendigen Materialien sind im Elektronik-Fachhandel leicht zu beziehen.

Als gute und kostengünstige Lösung haben sich für uns Bauteile mit folgenden Daten erwiesen: Glühlampen (3,7 V, 0,3 A), Batterien (2 Babyzellen, R14, in einer Halterung). Stecksysteme der kommerziellen Lehrmittelanbieter stellen eine recht komfortable, aber etwas teurere Lösung dar. Hinsichtlich der Voltmeter hat sich die preisgünstigste Lösung (einfache digitale Multimeter für unter 20 Euro) als ausreichend herausgestellt. Einfache, als Zeigerinstrumente ausgeführte Voltmeter sind aus didaktischen Gründen zwar vorzuziehen, aber in der Regel teurer. Zudem bieten sie dann nicht die Möglichkeit, gelegentlich auch Ströme zu messen.

Für das Tutorial *Laden und Entladen von Kondensatoren* werden zusätzlich Kondensatoren hoher Kapazität (z.B. 0,47 und 1,0 Farad) benötigt. Hierbei ist darauf zu achten, dass solche mit sehr geringem Innenwiderstand verwendet werden (z.B. NEC/Tokin FE Series Super Capacitors).

Für das Tutorial *Leistung* ist neben den bereits verwendeten Glühlampen eine weitere Sorte Glühlampen notwendig, deren Widerstand deutlich größer ist (z. B. 4,0 V, 0,1 A).

Danksagungen

Diese Materialien wären nicht entstanden ohne die Erfahrungen, die ich in den Jahren 1993 bis 1999 als wissenschaftlicher Mitarbeiter und Doktorand in der *Physics Education Group* an der *University of Washington* machen konnte. Dafür möchte ich besonders der Leiterin der Arbeitsgruppe, *Prof. Lillian C. McDermott,* sowie *Prof. Paula R. L. Heron* und *Prof. Peter S. Shaffer* herzlich danken. Ausdrücklich erwähnt werden sollte jedoch auch *Dr. Karen Wosilait,* die trotz der inzwischen großen räumlichen Distanz bei einigen Abbildungen wertvolle Hilfe geleistet hat.

Weiter möchte ich den Kollegen *Prof. Günter Ackermann, Prof. Manfred Kasper* und *Prof. Christian Schuster* an der TU Hamburg-Harburg für ihre Unterstützung durch den Einsatz der Materialien in ihren Lehrveranstaltungen über mehrere Jahre sowie für eine Reihe sehr wertvoller inhaltlicher (und sprachlicher) Hinweise danken. *Dr. Shu Zheng,* der in den Jahren 2003 bis 2005 als Gastprofessor an der TUHH tätig war, hat in der Anfangsphase der Entwicklung ebenfalls wichtige Anregungen gegeben. Einen wichtigen Beitrag haben auch die Studierenden in den verschiedenen Lehrveranstaltungen geleistet, in denen diese Materialien erstmals angewendet und getestet wurden. Für ihre Nachsicht bei noch nicht ganz ausgereiften Formulierungen und ihre konstruktive Kritik ist an dieser Stelle ebenfalls zu danken.

Für wertvolle Hinweise zu inhaltlichen Fragen und Formulierungen und für ihre Unterstützung bei der Erstellung von Bildern und des Satzes in LaTeX möchte ich *Frau Dr. Andrea Brose, Herrn Tim Dietz, Herrn Andreas Hempel* und *Herrn Phillipp Lüssenhop* danken. In diesem Zusammenhang sei auch die Unterstützung der zugrunde liegenden wissenschaftlichen Arbeit seit Herbst 2008 durch die NORDMETALL Stiftung erwähnt, für die ich stellvertretend *Herrn Peter Golinski* danken möchte.

Schließlich danke ich dem Verlag *Pearson Studium,* besonders *Herrn Birger Peil,* für die kontinuierliche Betreuung und Geduld.

Hamburg *Christian H. Kautz, Ph.D.*

TEIL I

Ein Modell für Stromkreise
(aus: McDermott/Shaffer, *Tutorien zur Physik*)

Strom und Widerstand	17
Tutorial	17
Übung	21
Spannung	25
Tutorial	25
Übung	33
Mehrere Batterien	39
Tutorial	39
Übung	43
Laden und Entladen von Kondensatoren	47
Tutorial	47
Übung	53

ÜBERBLICK

1 Vollständige Stromkreise

Im vorliegenden Tutorial entwickeln wir eine Modellvorstellung für den elektrischen Strom, mit der wir das Verhalten einfacher Stromkreise erklären und vorhersagen können.

1 Vollständige Stromkreise

1.1 Lassen Sie sich eine Batterie, eine Glühlampe und ein einzelnes Stück Draht geben. Verbinden Sie diese in unterschiedlicher Weise und beobachten Sie jeweils, ob die Lampe leuchtet oder nicht.

Formulieren Sie die Bedingungen, welche die Anordnung der Bauteile erfüllen muss, damit die Glühlampe leuchtet.

1.2 Ein Student hat die beiden Pole einer Batterie für kurze Zeit mit einem Stück Draht verbunden. Er beobachtet, dass sich der Draht an den Punkten 1, 2 und 3 etwa gleich stark erwärmt. Die Batterie wird ebenfalls warm.

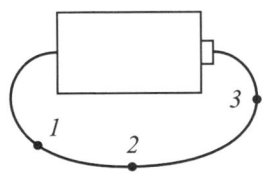

Was lässt sich aufgrund dieser Beobachtung über die Vorgänge an verschiedenen Stellen im Draht und in der Batterie folgern?

1.3 Bringen Sie eine Glühlampe mit einer Batterie und einem Draht zum Leuchten. Fügen Sie nun Gegenstände aus unterschiedlichen Materialien in die Schaltung ein und beobachten Sie das Verhalten (d. h. die Helligkeit) der Glühlampe. Verwenden Sie Gegenstände wie Papierstreifen, Münzen, Bleistiftminen, Stifte, Radiergummis usw.

Welche Gemeinsamkeit haben die meisten der Gegenstände, bei denen die Glühlampe leuchtet?

1.4 Untersuchen Sie eine Glühlampe sorgfältig. Zwei Drähte reichen vom Glühdraht bis in die Fassung. Sie können vermutlich nicht in die Fassung hineinsehen, sollten jedoch in der Lage sein, eine Vermutung darüber zu formulieren, wo diese Drähte angeschlossen sind. Erläutern Sie Ihre Vermutung mithilfe der Beobachtungen in Teil 1.1 bis 1.3.

Schaltsymbol für Glühlampe

Auf der Grundlage der bisherigen Beobachtungen treffen wir die folgenden Annahmen für unsere Modellvorstellung des elektrischen Stromkreises:

- In einem vollständigen Stromkreis tritt ein „Fluss" auf, der im Kreis von einem Pol der Batterie entlang der Schaltung zum anderen Pol der Batterie, dann durch die Batterie und schließlich erneut durch die Schaltung verläuft. Diesen Fluss nennen wir den *elektrischen Strom*.

- Bei identischen Glühlampen kann man die Helligkeit der Glühlampen als ein relatives Maß für die Stärke des Stroms durch die Glühlampe verwenden: Je heller eine Glühlampe leuchtet, desto größer ist der Strom, der durch sie fließt.

Ausgehend von diesen Annahmen werden wir eine Modellvorstellung entwickeln, mithilfe derer wir das Verhalten einfacher Stromkreise erklären können. Die Konstruktion eines wissenschaftlichen Modells ist ein schrittweiser Prozess, bei dem wir nur so viele Annahmen machen wie unbedingt notwendig, um die beobachteten Vorgänge zu erklären.

2 Glühlampen in Reihenschaltung

Bauen Sie eine Schaltung mit zwei identischen Glühlampen auf, die hintereinander angeordnet sind (siehe Abbildung). Glühlampen, die so verbunden sind, bezeichnet man als *in Reihe* geschaltet.

2.1 Vergleichen Sie die Helligkeiten der beiden Glühlampen. Beachten Sie dabei nur deutliche Unterschiede in der Helligkeit. Kleinere Unterschiede können auch dadurch auftreten, dass „identische" Glühlampen nicht wirklich identisch sind.

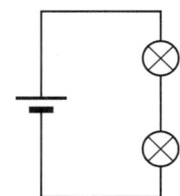

Beantworten Sie die folgenden Fragen auf der Grundlage Ihrer Beobachtung und mithilfe der im Anschluss an Teil 1.4 getroffenen Annahmen.

a. Wird der Strom in der ersten Glühlampe „verbraucht" oder ist der Strom durch die beiden Glühlampen gleich groß?

b. Erwarten Sie eine Änderung der Helligkeiten, wenn Sie die beiden Glühlampen vertauschen? Überprüfen Sie Ihre Antwort.

c. Lässt sich allein aufgrund Ihrer bisherigen Beobachtungen entscheiden, in welcher Richtung der elektrische Strom durch den Stromkreis fließt?

2.2 Vergleichen Sie die Helligkeit der beiden Glühlampen in der Reihenschaltung mit der Helligkeit einer einzelnen Glühlampe im Stromkreis (bei gleicher Batterie).

Beantworten Sie die folgenden Fragen auf der Grundlage Ihrer Beobachtung und mithilfe der im Anschluss an Teil 1.4 getroffenen Annahmen.

a. Ist der Strom durch die Glühlampe in einer Schaltung mit einer einzelnen Lampe *größer*, *kleiner* oder *gleich* dem Strom durch dieselbe Glühlampe, wenn diese mit einer weiteren Lampe in Reihe geschaltet ist? Begründen Sie.

b. Was folgt aus Ihrer Antwort auf Frage 2.2.a hinsichtlich des Stroms durch die Batterie in der Schaltung mit einer Glühlampe im Vergleich zum Strom durch die Batterie in der Reihenschaltung von zwei Lampen? Begründen Sie.

c. Warum ist es nicht richtig, von den beiden in Reihe geschalteten Glühlampen zu sagen, dass sie sich „den Strom durch die Batterie teilen"?

2.3 Wir können uns eine Glühlampe als ein Hindernis oder einen *Widerstand* für den Strom in einem Stromkreis vorstellen.

   a. Erwarten Sie ausgehend von dieser Vorstellung, dass das Hinzufügen weiterer Glühlampen in Reihe den Widerstand der gesamten Schaltung *vergrößert, verkleinert* oder *unverändert lässt*?

   b. Formulieren Sie eine Regel, die angibt, ob der Strom durch die Batterie *zunimmt, abnimmt* oder *gleich bleibt*, wenn man die Anzahl der in Reihe geschalteten Glühlampen vergrößert oder verkleinert.

3 Glühlampen in Parallelschaltung

Bauen Sie eine Schaltung aus einer Batterie und zwei identischen Glühlampen auf, deren Anschlüsse jeweils miteinander verbunden sind (siehe Abbildung). Glühlampen, die so verbunden sind, bezeichnet man als *parallel* geschaltet.

3.1 Vergleichen Sie die Helligkeiten der beiden Glühlampen in dieser Schaltung. Beachten Sie nur deutliche Unterschiede in der Helligkeit. Kleinere Unterschiede können unter anderem auch dadurch auftreten, dass „identische" Glühlampen nicht wirklich identisch sind.

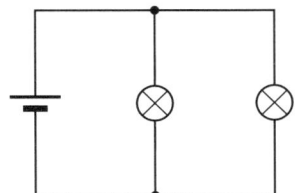

   a. Was können Sie aus Ihren Beobachtungen über den Strom durch jede der beiden Glühlampen folgern?

   b. Beschreiben Sie den elektrischen Strom im gesamten Stromkreis. Gehen Sie dabei von Ihren Beobachtungen aus. Wo teilt sich der von der Batterie kommende Strom und wo wird er wieder zusammengeführt?

3.2 Vergleichen Sie die Helligkeiten der beiden Glühlampen in der Parallelschaltung mit der Helligkeit einer einzelnen Glühlampe im Stromkreis (bei gleicher Batterie). Beachten Sie auch hier nur deutliche Unterschiede in der Helligkeit.

Ist der Strom durch die Batterie in einer Schaltung mit einer einzelnen Glühlampe *größer, kleiner* oder *gleich* dem Strom durch die Batterie in einer Schaltung mit zwei parallel geschalteten Glühlampen? Begründen Sie Ihre Antwort mithilfe Ihrer Beobachtungen.

3.3 Formulieren Sie eine Regel, die angibt, ob der Strom durch die Batterie *zunimmt*, *abnimmt* oder *gleich bleibt*, wenn man die Anzahl der parallel geschalteten Glühlampen vergrößert oder verkleinert. Begründen Sie Ihre Antwort mit Ihren Beobachtungen am Stromkreis mit zwei parallel geschalteten Glühlampen und den Annahmen des Modells für den elektrischen Strom.

Was können Sie über den Widerstand der gesamten Schaltung sagen, wenn die Anzahl der parallel geschalteten Zweige vergrößert oder verkleinert wird?

3.4 Deuten Ihre Ergebnisse darauf hin, dass der Strom durch die Batterie von der Anzahl und der Anordnung der Glühlampen in der Schaltung abhängt?

3.5 Schrauben Sie eine der beiden Glühlampen der Parallelschaltung aus ihrer Fassung heraus. Ändert sich dadurch wesentlich der Strom durch den Zweig mit der anderen Glühlampe?

> Eine Eigenschaft einer *idealen* Batterie ist, dass unmittelbar an der Batterie angeschlossene, parallele Zweige voneinander unabhängig sind. Ein Modell für das Verhalten *realer* Batterien wird in den Tutorien *Modelleigenschaften* und *Quellen und Arbeitsgeraden* untersucht.

4 Grenzen der bisher entwickelten Modellvorstellung

4.1 Die rechts abgebildete Schaltung enthält drei identische Glühlampen und eine ideale Batterie. Nehmen Sie an, dass der Widerstand der Verbindungsdrähte und des geschlossenen Schalters vernachlässigbar ist. Bearbeiten Sie die folgenden Punkte mithilfe des Modells, das wir für den elektrischen Stromkreis entwickelt haben.

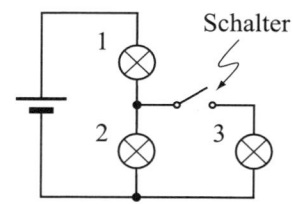

   a. Ordnen Sie die drei Glühlampen nach ihrer Helligkeit bei *geschlossenem* Schalter. Begründen Sie.

   b. Wie ändert sich die Helligkeit von Glühlampe 1, wenn der Schalter geöffnet wird? Begründen Sie.

4.2 Zeigen Sie, dass die Anwendung der bisher entwickelten Modellvorstellung für den elektrischen Strom nicht ausreicht, um die Änderung der Helligkeit von Glühlampe 2 beim Öffnen des Schalters zu bestimmen.

ÜBUNG — STROM UND WIDERSTAND

1. Im Tutorial haben Sie die relative Helligkeit der Glühlampen in den drei abgebildeten Schaltungen verglichen. In den Schaltbildern sind zur Verdeutlichung Rahmen um die Netzwerke gezeichnet.

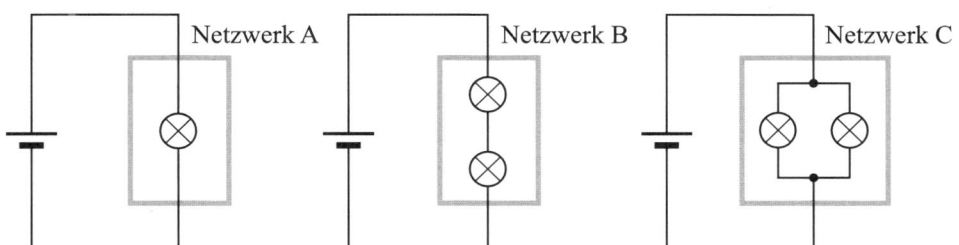

Ordnen Sie die Netzwerke A bis C nach ihrem Gesamtwiderstand (d. h. dem Widerstand des gesamten Netzwerks). Verwenden Sie dazu Ihre Beobachtungen und die Regeln, die Sie im Tutorial für den Zusammenhang zwischen dem Strom durch die Batterie und dem Gesamtwiderstand eines Stromkreises entwickelt haben. Erläutern Sie Ihre Überlegungen anhand der Modellvorstellung zum elektrischen Strom, d. h. verwenden Sie keine Formeln.

2. Ordnen Sie die nachfolgend abgebildeten Netzwerke mithilfe der entwickelten Modellvorstellung nach dem Gesamtwiderstand. Begründen Sie Ihre Antwort.

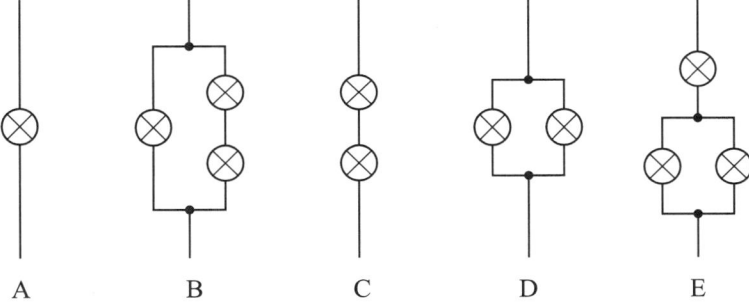

A B C D E

3. Alle ohmschen Widerstände in den nachfolgend abgebildeten Netzwerken haben den Wert R. Bestimmen Sie die Gesamtwiderstände der Netzwerke mithilfe der Formeln für die Addition von Widerständen in Reihen- und Parallelschaltungen.

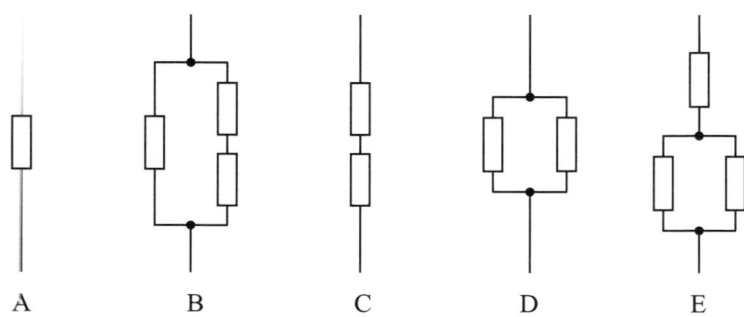

Sind Ihre qualitativen Ergebnisse in Aufgabe 2 mit den hier gefundenen Werten vereinbar?

4. Betrachten Sie die fünf abgebildeten Netzwerke.

   a. Ordnen Sie die Netzwerke nach ihrem Gesamtwiderstand. (*Hinweis:* Stellen Sie sich jedes der Netzwerke in einem Stromkreis mit einer Indikatorlampe und einer Batterie vor.)

   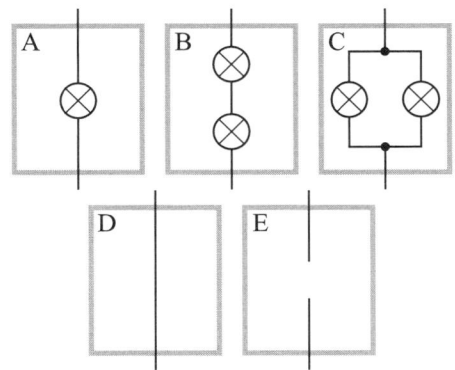

   b. Wie verändert das Hinzufügen einer einzelnen Glühlampe in Reihe mit einer Glühlampe oder einem Netzwerk den Gesamtwiderstand der Schaltung?

   c. Wie verändert das Hinzufügen einer einzelnen Glühlampe parallel zu einer Glühlampe oder einem Netzwerk den Gesamtwiderstand der Schaltung?

   d. Aus den Netzwerken A bis E und identischen Batterien werden nun verschiedene Schaltungen zusammengesetzt. Ordnen Sie die Schaltungen mithilfe der entwickelten Modellvorstellung

   - nach ihrem Gesamtwiderstand,

   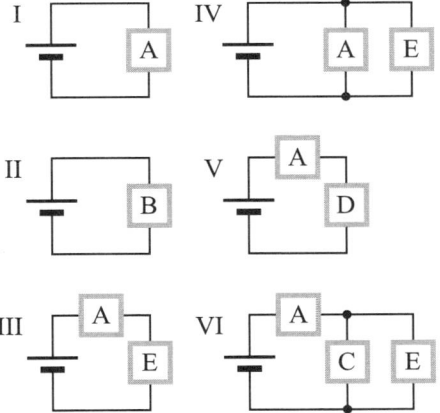

   - nach dem Strom durch die Batterie.

5. Die Schaltung rechts enthält vier identische Glühlampen, die mit einer idealen Batterie verbunden sind.

   a. Ordnen Sie die Glühlampe nach der Helligkeit. Falls zwei Glühlampen gleich hell sind, geben Sie dies ausdrücklich an.

   Erläutern Sie, wie Sie die Reihenfolge bestimmt haben.

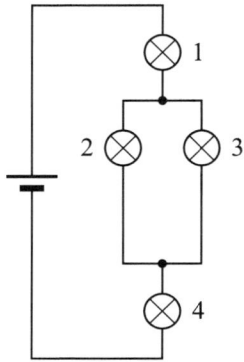

   b. Nun wird ein Schalter in den Stromkreis eingefügt. Der Schalter ist zunächst geschlossen.

   Nimmt der Strom durch Glühlampe 1 *zu*, nimmt er *ab* oder bleibt er *gleich*, wenn der Schalter geöffnet wird? Begründen Sie Ihre Antwort.

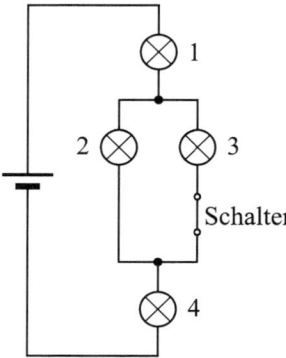

1 Rückblick: Strom und Widerstand

Die Schaltungen rechts bestehen aus jeweils identischen Batterien und Glühlampen. Die mit X und Y bezeichneten Quadrate stehen für unterschiedliche unbekannte Netzwerke (z. B. Kombinationen von weiteren Glühlampen), enhalten jedoch keine Batterien.

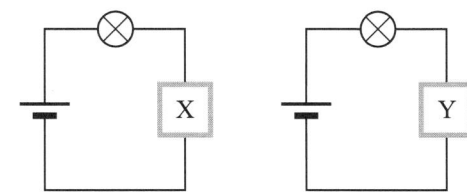

Es wird beobachtet, dass die eingezeichnete Glühlampe im linken Stromkreis heller leuchtet als die im rechten.

1.1 Entscheiden Sie anhand dieser Beobachtung: Ist der Widerstand von Element X *größer*, *kleiner* oder *gleich* dem Widerstand von Element Y? Begründen Sie.

1.2 Geben Sie für beide Schaltungen an, ob der Strom durch die Glühlampe jeweils *größer*, *kleiner* oder *gleich* dem Strom durch das unbekannte Element ist.

1.3 Geben Sie für beide Schaltungen an, ob der Strom durch die Glühlampe jeweils *größer*, *kleiner* oder *gleich* dem Strom durch die Batterie ist.

2 Batterien in Reihenschaltung

Bitten Sie einen Tutor um die rechts abgebildeten Schaltungen I bis III.

Untersuchen Sie die Helligkeiten der Glühlampen.

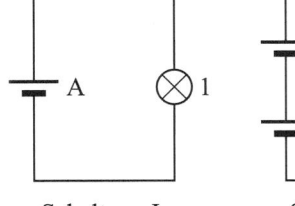
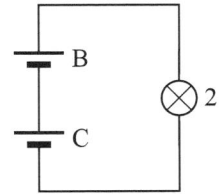
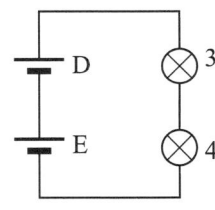

Schaltung I   Schaltung II   Schaltung III

2.1 Ordnen Sie die Glühlampen nach der Stärke des durch sie fließenden Stroms. Falls der Strom durch mehrere Glühlampen gleich groß ist, geben Sie dies ausdrücklich an. Erklären Sie, wie Sie dies ohne Ampèremeter feststellen konnten.

2.2 Ist der Strom durch die Batterie D *größer*, *kleiner* oder *gleich* dem Strom durch die Batterie A? Begründen Sie Ihre Antwort.

2.3 Ist der Strom durch die Batterie B *größer, kleiner* oder *gleich* dem Strom durch die Batterie A? Begründen Sie Ihre Antwort.

Angenommen, in einem Stromkreis wird eine Batterie in Reihe zu einer vorhandenen Batterie hinzugefügt. Nimmt der Strom durch den Stromkreis dann *zu, ab* oder bleibt er *gleich*? Begründen Sie.

Die obigen Beobachtungen legen nahe, sich die Batterie als einen „Antrieb" des Stroms durch den Stromkreis vorzustellen. Wir werden diese Vorstellung nun genauer untersuchen.

3 Spannung

3.1 Messen Sie den Wert der Spannung an jedem der Elemente in den Schaltungen I bis III mithilfe eines Voltmeters. Notieren Sie die Ergebnisse Ihrer Messungen in der Tabelle.

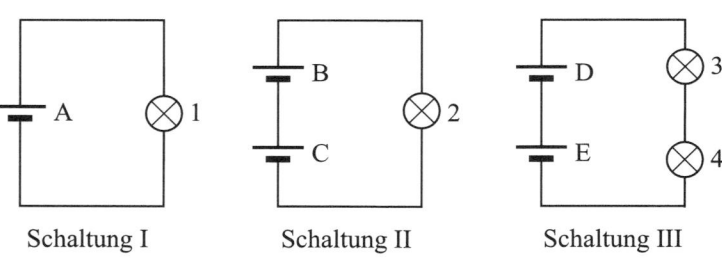

$U_{\text{Batt A}}$	$U_{\text{Lampe 1}}$	$U_{\text{Batt B}}$	$U_{\text{Batt C}}$	$U_{\text{Lampe 2}}$	$U_{\text{Batt D}}$	$U_{\text{Batt E}}$	$U_{\text{Lampe 3}}$	$U_{\text{Lampe 4}}$

3.2 Ordnen Sie die Glühlampen nach dem Betrag der anliegenden Spannung. (Vernachlässigen Sie dabei kleine Unterschiede.)

Vergleichen Sie die hier gefundene Reihenfolge mit der Reihenfolge nach der Helligkeit.

Die Beobachtung legt nahe, dass wir unser Modell für elektrische Stromkreise um die Vorstellung erweitern können, dass bei identischen Glühlampen die Helligkeit nicht nur ein Maß für den durch sie fließenden *Strom*, sondern auch für die *Spannung* an der Glühlampe ist.

3.3 Welche Anzeige erwarten Sie am Voltmeter, wenn es an dem aus den Batterien D und E bestehenden Netzwerk angeschlossen wird? Begründen Sie Ihre Antwort.

Überprüfen Sie Ihre Vermutung mithilfe eines Voltmeters. Lösen Sie eventuelle Widersprüche auf.

3.4 Welche Anzeige erwarten Sie am Voltmeter, wenn es an dem aus den Glühlampen 3 und 4 bestehenden Netzwerk angeschlossen wird? Begründen Sie Ihre Antwort.

Überprüfen Sie Ihre Vermutungen und lösen Sie eventuelle Widersprüche auf.

3.5 Entwickeln Sie anhand Ihrer Beobachtungen eine Regel für die Spannung an einem Netzwerk aus in Reihe geschalteten Elementen. Die Regel soll die Spannung am gesamten Netzwerk mit den Spannungen an den einzelnen Elementen des Netzwerks verknüpfen.

3.6 Betrachten Sie die Schaltungen II und IV in der Abbildung rechts.

a. Welche Reihenfolge erwarten Sie für die Helligkeiten der Glühlampen? Falls zwei Glühlampen die gleiche Helligkeit haben, geben Sie dies ausdrücklich an. Begründen Sie.

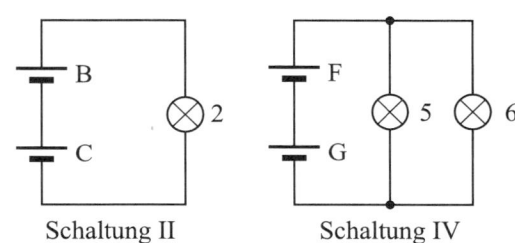

Schaltung II   Schaltung IV

Bitten Sie einen Tutor um die Schaltungen und überprüfen Sie Ihre Antwort. Lösen Sie eventuelle Widersprüche auf.

b. Welche Reihenfolge erwarten Sie für die Spannungen an den Glühlampen? Falls an zwei Glühlampen die gleiche Spannung anliegt, geben Sie dies ausdrücklich an. Begründen Sie.

Stimmt Ihre Antwort mit der Reihenfolge der Glühlampen nach der Helligkeit überein?

Überprüfen Sie Ihre Antworten mithilfe eines Voltmeters. Lösen Sie eventuelle Widersprüche auf.

c. Ist der Strom durch die Batterie F *größer, kleiner* oder *gleich* dem Strom durch die Batterie B? Begründen Sie.

3.7 Beantworten Sie die folgenden Fragen anhand Ihrer bisherigen Ergebnisse.

   a. Wenn an zwei identischen *Glühlampen* die gleiche Spannung anliegt, fließt dann immer auch der gleiche Strom durch sie hindurch? Begründen Sie.

   b. Wenn an zwei identischen *Batterien* die gleiche Spannung anliegt, fließt dann immer auch der gleiche Strom durch sie hindurch? Begründen Sie.

→ Diskutieren Sie Ihre Antworten zu Teil 3.7 mit einem Tutor.

4 Schaltungen mit mehreren Maschen

4.1 Betrachten Sie Schaltung V rechts. Welche Anzeige erwarten Sie jeweils, wenn ein Voltmeter an den einzelnen Elementen dieser Schaltung angeschlossen wird? Begründen Sie.

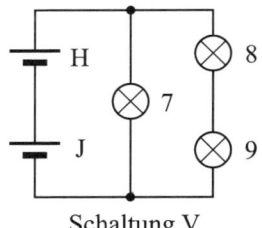

Schaltung V

$U_{\text{Batt H}}$	$U_{\text{Batt J}}$	$U_{\text{Lampe 7}}$	$U_{\text{Lampe 8}}$	$U_{\text{Lampe 9}}$

Bitten Sie einen Tutor um diese Schaltung und überprüfen Sie Ihre Vermutungen. Falls Ihre Messungen nicht mit Ihren Erwartungen übereinstimmen, lösen Sie die Widersprüche auf.

4.2 Betrachten Sie Schaltung VI rechts. Ordnen Sie die Glühlampen nach der anliegenden Spannung. Begründen Sie.

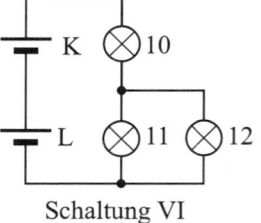

Schaltung VI

$U_{\text{Batt K}}$	$U_{\text{Batt L}}$	$U_{\text{Lampe 10}}$	$U_{\text{Lampe 11}}$	$U_{\text{Lampe 12}}$

Bitten Sie einen Tutor um diese Schaltung und messen Sie die Spannungen an den einzelnen Elementen. Falls Ihre Messungen nicht mit Ihren Erwartungen übereinstimmen, lösen Sie die Widersprüche auf.

4.3 Die Schaltungen V und VI haben jeweils mehr als einen möglichen Weg für den Strom. Jeder in sich *geschlossene* Weg in einer Schaltung wird als Masche bezeichnet. Eine Masche muss keine Batterie enthalten.

a. Zeichnen Sie in beiden Schaltbildern jeweils alle Maschen ein, die die Batterien enthalten.

b. Berechnen Sie für jede der gezeichneten Maschen die Summe aller Spannungen an den Glühlampen. (Verwenden Sie Ihre obigen Messungen.)

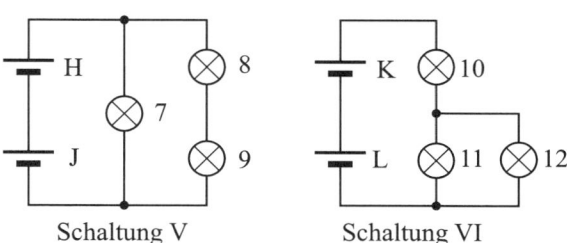

Schaltung V   Schaltung VI

c. Vergleichen Sie die Summe der Spannungen an den Glühlampen in den verschiedenen Maschen mit der Summe der Spannungen der beiden Batterien.

Der hier gefundene Zusammenhang wird als *Maschenregel* bezeichnet.

5 Spannung am offenen Schalter

Schaltung VII basiert auf Schaltung VI in Abschnitt 4, enthält jedoch zusätzlich einen Schalter.

5.1 Welche Werte erwarten Sie für die Spannungen an den einzelnen Elementen dieser Schaltung bei geschlossenem Schalter?

$U_{\text{Batt K}}$	$U_{\text{Batt L}}$	$U_{\text{Lampe 10}}$	$U_{\text{Lampe 11}}$	$U_{\text{Lampe 12}}$

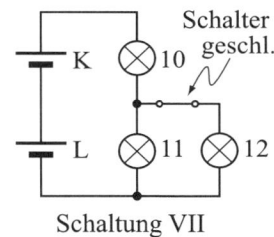

Schaltung VII

5.2 Der Schalter wird nun geöffnet.

a. Welchen Wert erwarten Sie für die Spannung an Lampe 12 bei geöffnetem Schalter?

Ist Ihre Antwort mit der von Ihnen erwarteten *Helligkeit* von Lampe 12 vereinbar?

Schaltung VII

b. Welchen Wert erwarten Sie für die Spannung am offenen Schalter? Begründen Sie.

c. Messen Sie die Spannungen an den einzelnen Elementen der Schaltung (außer dem offenen Schalter).

$U_{\text{Batt K}}$	$U_{\text{Batt L}}$	$U_{\text{Lampe 10}}$	$U_{\text{Lampe 11}}$	$U_{\text{Lampe 12}}$

d. Ist Ihre Vermutung hinsichtlich der Spannung am offenen Schalter mit den gemessenen Spannungen an den anderen Elementen der Schaltung vereinbar?

e. Messen Sie nun die Spannung am offenen Schalter.

Ist Ihr Ergebnis mit der von Ihnen in Teil 4.3.c aufgestellten *Maschenregel* vereinbar? Erläutern Sie ggf., wie Sie diese Regel umformulieren müssen, um sie im vorliegenden Fall anwenden zu können.

Die hier betrachtete Situation wird in Aufgabe 5 in den Übungen weiter vertieft.

6 Spannung und Potential

6.1 Betrachten Sie noch einmal die nachfolgend dargestellte Schaltung aus den Übungen zum Tutorial *Strom und Widerstand*. Die Batterie soll wie dort als ideale Spannungsquelle betrachtet werden. Alle Glühlampen sind identisch. Mehrere Punkte (Knoten) in der Schaltung sind markiert.

a. Ordnen Sie mithilfe der Modellvorstellung für den elektrischen Strom die Glühlampen 1 bis 5 nach ihrer Helligkeit.

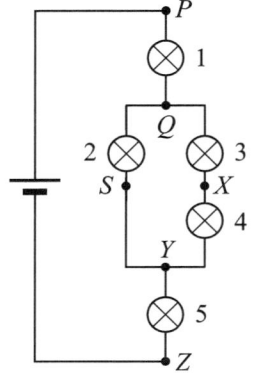

b. Vergleichen Sie die Spannung an Glühlampe 5 mit der Spannung an Glühlampe 1 mithilfe des Zusammenhangs zwischen Helligkeit und Spannung.

c. Ist die Spannung zwischen Punkt P und der negativen Anschlussklemme der Batterie *größer*, *kleiner* oder *gleich* der Spannung zwischen Punkt Y und der negativen Anschlussklemme der Batterie?

Welche der beiden Spannungen, die Sie gerade verglichen haben, ist mit der Spannung an einer einzelnen Lampe identisch? Welche nicht?

Um Spannungen zwischen zwei entfernten Punkten in einem Schaltkreis besser miteinander vergleichen zu können, führen wir den Begriff des *elektrischen Potentials* ein. Nach der Definition ist die Potential*differenz* zwischen zwei beliebigen Punkten in einem Schaltkreis gleich der Spannung zwischen den beiden Punkten (z. B. $U_{PQ} = \Phi_P - \Phi_Q$). Das Potential Φ an *jedem beliebigen* Punkt wird dann dadurch festgelegt, dass einem bestimmten Punkt in der Schaltung ein beliebiger Wert zugeordnet wird. Häufig wählt man dafür die negative Klemme der Batterie und ordnet diesem Punkt das Potential $\Phi = 0\,\text{V}$ zu. In diesem Fall besitzt die positive Klemme der Batterie dann das Potential $\Phi = U_{\text{Batt}}$.

6.2 Ordnen Sie die Punkte *P, Q, S, X, Y* und *Z* nach ihrem elektrischen Potential. Begründen Sie.

6.3 Ist es möglich, dass an zwei Elementen in einer Schaltung die gleiche Spannung anliegt, aber alle Klemmen auf unterschiedlichem Potential liegen? Wenn ja, geben Sie nach Möglichkeit ein Beispiel aus dem obigen Schaltkreis an. Wenn nein, begründen Sie, warum nicht.

6.4 Ist es möglich, dass für zwei Elemente in einer Schaltung die Klemme mit dem jeweils höheren Potential auf gleichem Potential liegt, aber an den beiden Elementen unterschiedliche Spannungen anliegen? Wenn ja, geben Sie nach Möglichkeit ein Beispiel aus dem obigen Schaltkreis an. Wenn nein, begründen Sie, warum nicht.

7 Verallgemeinerung: Spannungen an Netzwerken

Die Netzwerke X, Y und Z bestehen jeweils aus zwei oder mehr gleichartigen Glühlampen und sind wie abgebildet mit einer Batterie verbunden.

7.1 Wie hängt die Spannung am Netzwerk X mit der Spannung an der Batterie zusammen? Begründen Sie.

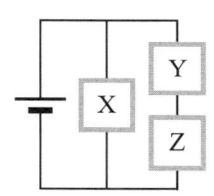

7.2 Wie hängen die Spannungen an den Netzwerken Y und Z mit der Spannung an der Batterie zusammen? Begründen Sie.

7.3 Nehmen Sie an, das Netzwerk Y besteht aus mehreren in Reihe geschalteten Glühlampen. Wie hängt die Spannung am Netzwerk Y mit der Spannung an den einzelnen Glühlampen zusammen? Begründen Sie.

7.4 Nehmen Sie an, das Netzwerk Z besteht aus parallel geschalteten Glühlampen. Wie hängt die Spannung am Netzwerk Z mit der Spannung an den einzelnen Glühlampen zusammen? Begründen Sie.

ÜBUNG SPANNUNG

1. In dieser Aufgabe enthalten die Netzwerke X und Y unbekannte Kombinationen von Glühlampen. Die Glühlampen 1 und 2 sind identisch. Die Batterien sind ideal.

    a. In der rechts abgebildeten Schaltung sind die Spannungen an Glühlampe 1 und Netzwerk X gleich. Lassen sich daraus Schlussfolgerungen über den Widerstand von Netzwerk X im Vergleich zum Widerstand von Glühlampe 1 ziehen? Wenn ja, welche? Begründen Sie.

    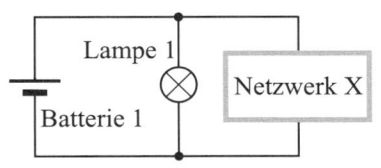

    Formulieren Sie einen Ausdruck für die Spannung an der Batterie $U_{\text{Batt}\,1}$ in Abhängigkeit von den an Netzwerk X und Glühlampe 1 gemessenen Spannungen U_X und $U_{\text{Lampe}\,1}$.

    b. In der rechts abgebildeten Schaltung sind die Spannungen an Glühlampe 2 und Netzwerk Y gleich. Lassen sich daraus Schlussfolgerungen über den Widerstand von Netzwerk Y im Vergleich zum Widerstand von Glühlampe 2 ziehen? Wenn ja, welche? Begründen Sie.

    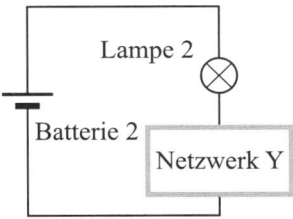

    Formulieren Sie einen Ausdruck für die Spannung an der Batterie $U_{\text{Batt}\,2}$ in Abhängigkeit von den an Netzwerk Y und Glühlampe 2 gemessenen Spannungen U_Y und $U_{\text{Lampe}\,2}$.

    c. Die beiden Netzwerke X und Y werden nun vertauscht. Es wird beobachtet, dass Glühlampe 2 heller leuchtet als zuvor. Beantworten Sie aufgrund dieser Beobachtung die folgenden Fragen:

    - Hat sich der Strom durch Batterie 2 geändert? Wenn ja, wie?

    - Ist der Widerstand von Netzwerk X *größer, kleiner* oder *gleich* dem von Netzwerk Y? Begründen Sie.

    - Leuchtet Glühlampe 1 nun *heller, weniger hell* oder *gleich hell* wie zuvor?

    - Hat sich der Strom durch Batterie 1 geändert? Wenn ja, wie?

2. Betrachten Sie den rechts abgebildeten Schaltkreis aus einer idealen Batterie und identischen Glühlampen.

   a. Ordnen Sie die Glühlampen 1, 2 und 3 nach ihrer Helligkeit. Begründen Sie Ihre Antwort.

   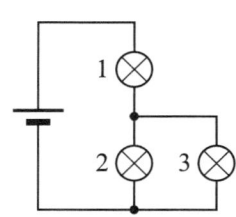

   Ordnen Sie die Glühlampen nach der Spannung. Begründen Sie.

   b. Formulieren Sie eine Gleichung, die einen Zusammenhang zwischen den Spannungen an den Glühlampen 1 und 2 mit der Batteriespannung herstellt.

   Ist die Spannung an Glühlampe 1 *größer, kleiner* oder *gleich* der halben Batteriespannung? Begründen Sie.

Ein Student schneidet nun die Drahtverbindung zwischen den Glühlampen 1 und 3 durch, wie in der Abbildung gezeigt.

   c. Ordnen Sie die Glühlampen 1, 2 und 3 nach ihrer veränderten Helligkeit. Begründen Sie Ihre Antwort.

   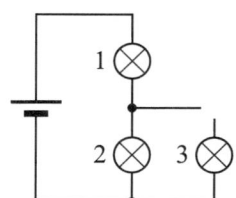

   Ordnen Sie die Glühlampen nach den Spannungen. Begründen Sie.

   d. Formulieren Sie eine Gleichung, die einen Zusammenhang zwischen den Spannungen an den Glühlampen 1 und 2 mit der Batteriespannung herstellt.

   Ist die Spannung an Glühlampe 1 *größer, kleiner* oder *gleich* der halben Batteriespannung? Begründen Sie.

e. Betrachten Sie die folgende Diskussion zwischen zwei Studierenden über die Änderung in der Schaltung, wenn der Draht durchgeschnitten wird (Teil 2.2):

   Alessandro: *„Ich denke, dass Glühlampe 2 heller wird. Die Glühlampe 2 hat sich bisher den Strom mit Glühlampe 3 geteilt und nun erhält sie den gesamten Strom. Also wird sie heller leuchten."*

   Nikola: *„Ich bin anderer Meinung. Jetzt gibt es nicht mehr so viele verschiedene Wege im Stromkreis, dadurch hat sich der Widerstand des Stromkreises erhöht. Wegen des höheren Widerstandes fließt jetzt ein kleinerer Strom und deshalb wird Glühlampe 2 dunkler."*

   - Stimmen Sie Alessandro zu? Begründen Sie Ihre Antwort.

   - Stimmen Sie Nikola zu? Begründen Sie Ihre Antwort.

   - Entscheiden Sie anhand der jeweils anliegenden Spannung, ob und wie sich die Helligkeit von Glühlampe 2 ändert. Begründen Sie Ihre Antwort.

3. Betrachten Sie die rechts abgebildete Schaltung. Alle Glühlampen sind identisch und die Batterie ist ideal.

   a. Ordnen Sie die Glühlampen 1 bis 6 nach ihrer Helligkeit. Begründen Sie Ihre Antwort.

   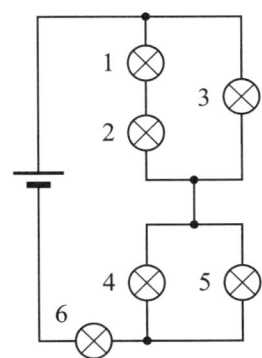

   b. Ordnen Sie die Glühlampen nach der Spannung. Begründen Sie.

   c. Formulieren Sie eine Gleichung, die einen Zusammenhang zwischen den Spannungen an den Glühlampen 3, 5 und 6 und der Batteriespannung U_{Batt} herstellt.

Nun wird Glühlampe 1 aus ihrer Fassung entfernt.

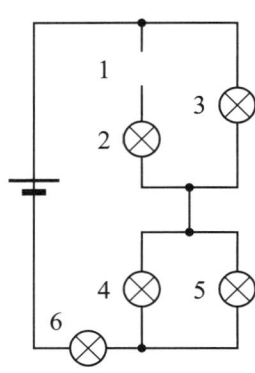

d. Nimmt die Helligkeit von Glühlampe 2 *zu*, nimmt sie *ab* oder bleibt sie *gleich*? Begründen Sie.

e. Nimmt die Helligkeit von Glühlampe 6 *zu*, nimmt sie *ab* oder bleibt sie *gleich*? Begründen Sie.

f. Nimmt die Helligkeit von Glühlampe 3 *zu*, nimmt sie *ab* oder bleibt sie *gleich*? Begründen Sie.

4. Die Schaltung rechts enthält vier identische Glühlampen und eine ideale Batterie.

   a. Ordnen Sie die Glühlampen nach ihrer Helligkeit. Begründen Sie Ihre Antwort.

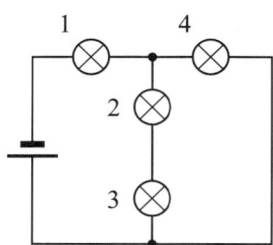

Nun wird ein Draht in der Schaltung hinzugefügt.

   b. Nimmt die Spannung an Glühlampe 3 jetzt *zu*, nimmt sie *ab* oder bleibt sie *gleich*?

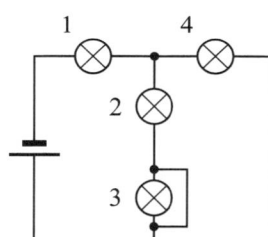

   c. Nimmt die Helligkeit von Glühlampe 3 *zu*, nimmt sie *ab* oder bleibt sie *gleich*? Begründen Sie Ihre Antwort.

   d. Nimmt die Helligkeit von Glühlampe 1 *zu*, nimmt sie *ab* oder bleibt sie *gleich*? Begründen Sie Ihre Antwort.

   e. Nimmt der Strom durch die Batterie *zu*, nimmt er *ab* oder bleibt er *gleich*? Begründen Sie.

5. Die abgebildete Schaltung enthält die Widerstände $R_1 = 300\,\Omega$, $R_2 = 200\,\Omega$ und $R_3 = 600\,\Omega$. Die Batterie ist ideal und besitzt eine Quellenspannung von $U_\text{Batt} = 6\,\text{V}$.

   Der Schalter ist zunächst *geschlossen*.

   a. Bestimmen Sie die Spannungen U_{PQ}, U_{QW}, U_{ST}, U_{TW} und U_{QS} bei geschlossenem Schalters und tragen Sie diese in die nachfolgende Tabelle ein. Erläutern Sie, wie Sie Ihre Ergebnisse gefunden haben.

	Schalter *geschlossen*	Schalter *offen*
U_{PQ}		
U_{QW}		
U_{ST}		
U_{TW}		
U_{QS}		

   b. Verbinden Sie im Schaltbild alle Punkte, die bei geschlossenem Schalter das gleiche Potential haben. Begründen Sie.

   c. Verbinden Sie im Schaltbild alle Punkte, die bei geschlossenem Schalter das gleiche Potential haben. Begründen Sie.

   Der Schalter wird nun *geöffnet*.

   d. Verbinden Sie (möglichst mit einer anderen Farbe) im Schaltbild alle Punkte, die bei geöffnetem Schalter das gleiche Potential haben. Begründen Sie.

   e. Bestimmen Sie nun die entsprechenden Spannungen bei geschlossenem Schalter, und tragen Sie diese in die Tabelle ein. Erläutern Sie, wie Sie Ihre Ergebnisse gefunden haben.

   Lässt sich die Maschenregel auch bei geöffnetem Schalter anwenden? Wenn ja, was folgt daraus für die Spannung am geöffneten Schalter?

f. Vergleichen Sie für jede der fünf Spannungen die beiden Werte, die Sie für die beiden Schalterstellungen erhalten haben, und beantworten Sie die folgenden Fragen:

- Welche der Spannungen in der obigen Schaltung haben *unabhängig von der Schalterstellung* immer einen von Null verschiedenen Wert? Erläutern Sie, inwiefern dies mit dem Ohm'schen Gesetz vereinbar ist.

- Welche der Spannungen in der obigen Schaltung haben *unabhängig von der Schalterstellung* immer den Wert Null? Erläutern Sie, inwiefern dies mit dem Ohm'schen Gesetz vereinbar ist.

- Welche der Spannungen in der obigen Schaltung ändern ihren Wert zwischen Null und einem von Null verschiedenen Wert, je nach Stellung des Schalters? Erläutern Sie, inwiefern dies mit dem Ohm'schen Gesetz vereinbar ist.

g. Betrachten Sie erneut die Spannung am Schalter (also U_{QS}).

- Unter welchen Bedingungen kann die Spannung an einem Schalter von Null verschieden sein? Unter welchen Bedingungen kann sie gleich Null sein?

- Sind Ihre Antworten auf die vorigen beiden Fragen mit der Spannungsteiler-Regel vereinbar? (*Hinweis:* Welchen Wert hat der Widerstand des Schalters in den beiden Positionen?)

Bisher haben wir herausgefunden, dass wir die Helligkeit einer Glühlampe sowohl mit dem Strom durch die Glühlampe als auch mit der Spannung an der Glühlampe in Beziehung setzen können. In diesem Tutorial werden wir diese Ideen auf Stromkreise mit mehreren Batterien in verschiedenen Maschen anwenden.

Nehmen Sie an, dass alle Glühlampen identisch und alle Batterien identisch und ideal sind.

1 Zwei Batterien und eine Glühlampe

Zwei Kupferdrähte sind mit zwei Batterien wie abgebildet verbunden.

1.1 Ist es möglich, die Glühlampe zum Leuchten zu bringen, indem man die Enden der Drähte mit der Glühlampe verbindet?

Wenn ja, zeichnen Sie, wie Sie die Drähte verbinden würden, und begründen Sie Ihre Antwort. Wenn nicht, begründen Sie, warum dies nicht möglich ist.

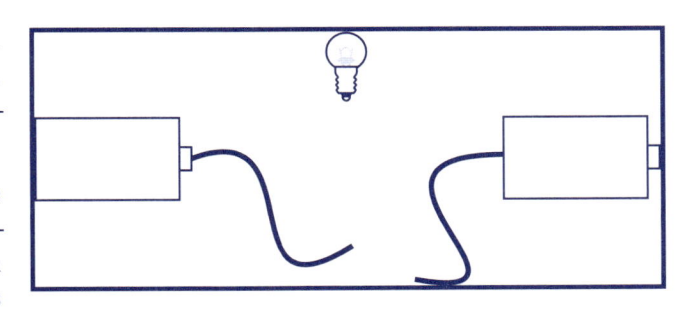

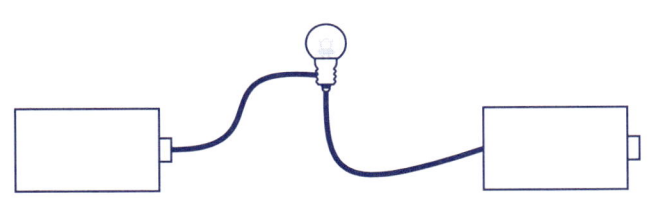

1.2 Zwei Studierende diskutieren ihre Vermutungen:

Diagramm von André Marie

André Marie: *„Die Glühlampe wird leuchten, wenn die Drähte so verbunden sind wie abgebildet. Da ein Draht am Minuspol und der andere am Pluspol angeschlossen ist, ist der Stromkreis vollständig. Damit können die Elektronen vom Minuspol, wo ein Überschuss auftritt, zum Pluspol fließen, wo ein Mangel herrscht."*

Thomas: *„Ich vermute auch, dass die Glühlampe leuchtet, aber ich denke, das liegt daran, dass es eine Spannung an der Glühlampe gibt. Der Pluspol hat ein höheres Potential als der Minuspol. Dies wird einen Strom durch die Glühlampe bewirken."*

Stimmen Sie mit einer der beiden Aussagen überein? Begründen Sie Ihre Antwort.

1.3 Bitten Sie einen Tutor um das benötigte Material und überprüfen Sie Ihre Antwort aus Teil 1.1. Lösen Sie eventuelle Widersprüche auf. Falls Sie Ihre Antwort in Teil 1.1 nicht mehr für richtig halten, korrigieren Sie diese.

2 Mehrere Batterien in Schaltungen mit einer Masche

2.1 Betrachten Sie die abgebildeten Schaltungen.

Welche Reihenfolge erwarten Sie für die Helligkeit der Glühlampen? Falls Sie erwarten, dass mehrere Glühlampen die gleiche Helligkeit haben oder nicht leuchten, geben Sie dies ausdrücklich an. Begründen Sie Ihre Antwort.

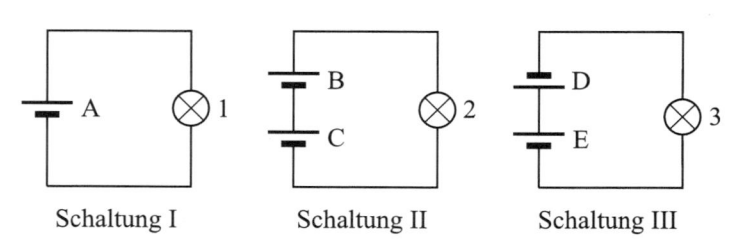

Schaltung I Schaltung II Schaltung III

2.2 Stimmt die Helligkeit von Glühlampe 4 in Schaltung IV mit der Helligkeit einer der Glühlampen aus den Schaltungen I bis III überein? Falls Sie erwarten, dass Glühlampe 4 nicht leuchtet, geben Sie dies ausdrücklich an. Begründen Sie Ihre Antwort.

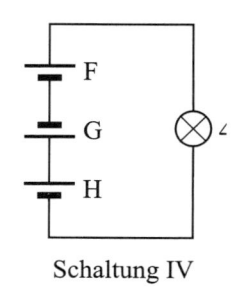

Schaltung IV

Bitten Sie einen Tutor um die vier Schaltungen und überprüfen Sie Ihre Antworten in den Aufgabenteilen 2.1 und 2.2.. Lösen Sie eventuelle Widersprüche auf.

2.3 Entwickeln Sie anhand Ihrer bisherigen Beobachtungen eine Regel, welche die Spannung an einem Netzwerk von in Reihe geschalteten Batterien mit den Spannungen an den einzelnen Batterien verknüpft.

2.4 Nehmen Sie an, Glühlampe 4 in Schaltung IV wird an eine Stelle zwischen den Batterien F und G versetzt. Ist die Helligkeit von Glühlampe 4 an dieser neuen Position (also in Schaltung V) *größer, geringer* oder *gleich* der in Schaltung IV? Falls die Glühlampe nicht leuchtet, geben Sie dies ausdrücklich an. Begründen Sie.

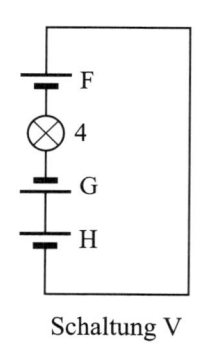

Schaltung V

Bitten Sie einen Tutor um die Schaltung und überprüfen Sie Ihre Antwort. Lösen Sie eventuelle Widersprüche auf.

3 Mehrere Batterien in verschiedenen Maschen

3.1 Betrachten Sie Schaltung VI in der Abbildung rechts.

   a. Nimmt die Helligkeit von Glühlampe 5 *zu*, nimmt sie *ab* oder bleibt sie *gleich*, wenn der Schalter geschlossen wird? Begründen Sie.

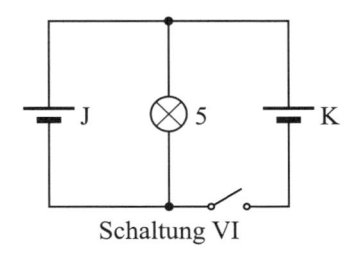

   Bitten Sie einen Tutor um die Schaltung und überprüfen Sie Ihre Antwort.

   b. Beantworten Sie anhand Ihrer Beobachtungen: Ändert sich die Spannung an Glühlampe 5, wenn der Schalter geschlossen wird? Begründen Sie.

   c. Nimmt der Strom durch Batterie J *zu*, nimmt er *ab* oder bleibt er *gleich*, wenn der Schalter geschlossen wird? Begründen Sie Ihre Antwort.

3.2 Im Unterschied zu Schaltung VI enthält Schaltung VII eine weitere Glühlampe.

   a. Erwarten Sie, dass die Helligkeit von Glühlampe 5 *zunimmt, abnimmt* oder *gleich bleibt*, wenn der Schalter geschlossen wird? Begründen Sie Ihre Antwort.

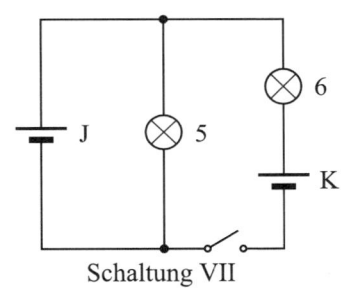

   b. Glühlampe 5 wird nun aus der Fassung entfernt. Leuchtet Glühlampe 6, wenn der Schalter geschlossen wird? Begründen Sie Ihre Antwort.

   c. Überprüfen Sie anhand Ihrer Antwort auf Frage b noch einmal Ihre Antwort auf Frage a. Korrigieren Sie Ihre Antwort, falls notwendig.

   Bitten Sie einen Tutor um die Schaltung und überprüfen Sie Ihre Ergebnisse.

d. Betrachten Sie die ursprüngliche Schaltung VII (mit Glühlampe 5 in der Fassung), wie rechts abgebildet.

Ist der Wert der Spannung an Glühlampe 5 *größer, kleiner* oder *gleich* der Spannung an Batterie J? Hängt Ihre Antwort davon ab, ob der Schalter geschlossen ist oder nicht? Begründen Sie.

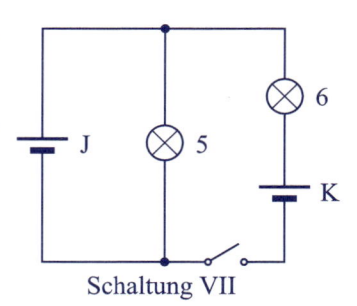

Schaltung VII

Ist die Spannung am Netzwerk aus Glühlampe 6 und Batterie K bei geschlossenem Schalter *größer, kleiner* oder *gleich* der Spannung an Batterie J? Begründen Sie.

Ist die Spannung an Glühlampe 6 *gleich* oder *ungleich* Null, unter der Voraussetzung, dass die Batterien J und K identisch sind? Begründen Sie.

e. Messen Sie bei geschlossenem Schalter die Spannung an jedem der Elemente in Schaltung VII. Notieren Sie die Messwerte in der Tabelle rechts.

$U_{\text{Batt J}}$	$U_{\text{Batt K}}$	$U_{\text{Lampe 5}}$	$U_{\text{Lampe 6}}$

Gibt es einen nennenswerten Strom durch Glühlampe 6? Begründen Sie, wie Sie das anhand Ihrer Messergebnisse entscheiden können.

Was folgt daraus für den Strom durch die Batterie K? Begründen Sie.

Vergleichen Sie den Strom durch die Batterie J mit dem Strom durch die Batterie in einer Schaltung aus einer Batterie und einer Glühlampe (z. B. Batterie A in Schaltung I). Begründen Sie.

Fließt durch eine Batterie immer ein von Null verschiedener Strom, wenn sie Teil eines geschlossenen Stromkreises ist? Begründen Sie.

3.3 Glühlampe 7 wird wie abgebildet zum Schaltkreis VII hinzugefügt, wodurch sich Schaltung VIII ergibt.

Fließt durch Glühlampe 6 ein Strom, wenn der Schalter geschlossen wird? Begründen Sie.

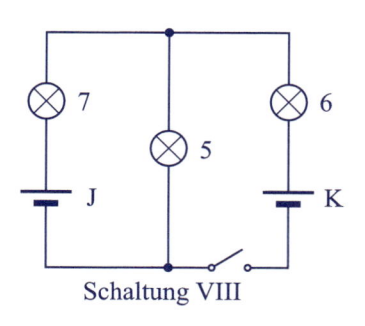

Schaltung VIII

Ordnen Sie die Glühlampen nach dem Strom, der bei geschlossenem Schalter durch sie fließt. Falls der Strom durch mehrere Glühlampen gleich ist, geben Sie dies ausdrücklich an. Begründen Sie.

ÜBUNG — MEHRERE BATTERIEN

1. Betrachten Sie noch einmal die abgebildete Schaltung VII aus dem Tutorial.

    a. Die Batterien J und K sind hier *nicht* identisch. Die Spannung von Batterie K ist *geringer* als die von Batterie J. Batterie J ist die gleiche wie in der ursprünglichen Schaltung.

    Leuchtet Glühlampe 6, wenn der Schalter geschlossen wird? Begründen Sie Ihre Antwort.

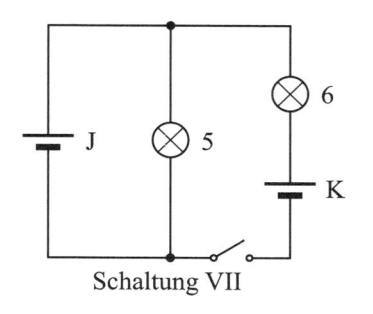

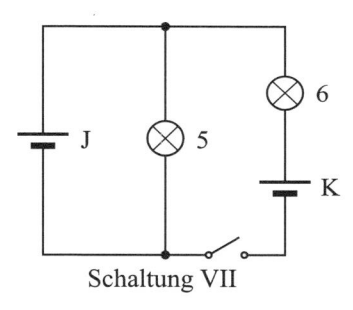

    Schaltung VII

    Falls Glühlampe 6 leuchtet, zeichnen Sie die Richtung des Stroms durch die Glühlampe ein. Begründen Sie.

    Leuchtet Glühlampe 5 bei geschlossenem Schalter *heller, weniger hell* oder *genau so hell* wie in der Schaltung mit identischen Batterien? Begründen Sie.

    b. Nun ist die Spannung von Batterie J *geringer* als die von Batterie K. Batterie K ist die gleiche wie in der ursprünglichen Schaltung in Abschnitt 3 des Tutorials.

    Leuchtet Glühlampe 6, wenn der Schalter geschlossen wird? Begründen Sie Ihre Antwort.

    Schaltung VII

    Falls Glühlampe 6 leuchtet, zeichnen Sie die Richtung des Stroms durch die Glühlampe ein. Begründen Sie.

    Leuchtet Glühlampe 5 bei geschlossenem Schalter *heller, weniger hell* oder *genau so hell* wie im Tutorial? Begründen Sie.

2. Betrachten Sie die abgebildete Schaltung, die eine weitere Variante von Schaltung VII aus dem Tutorial darstellt. Alle Glühlampen sind identisch und die Batterien sind identisch und ideal. Beachten Sie die Polung von Batterie B.

   a. Glühlampe 1 wird entfernt. Ändert sich dadurch die Spannung zwischen den Punkten X und Z? Begründen Sie.

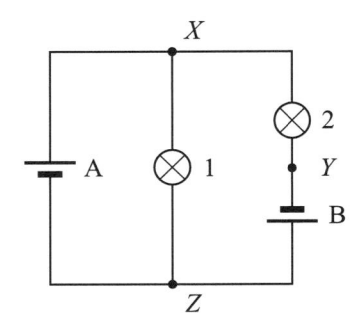

   b. Nun wird stattdessen Batterie A aus dem Batteriehalter entfernt. Ändert sich dadurch die Spannung zwischen den Punkten X und Z? Begründen Sie.

   c. Zwei Studierende ordnen die elektrischen Potentiale Φ_i an den Punkten X, Y und Z in der oben abgebildeten Schaltung.

   Hans Christian: *„Ich habe nur die rechte Masche betrachtet. Das elektrische Potential ist an Punkt Z am größten, da dieser am nächsten am Pluspol von Batterie B liegt. Das elektrische Potential an Punkt Y ist am niedrigsten, weil dieser sich am nächsten am Minuspol von Batterie B befindet. Punkt X liegt dazwischen, also gilt: $\Phi_Z > \Phi_X > \Phi_Y$."*

   Simon: *„Ich habe nur die äußere Masche betrachtet. Von Punkt Y zu Punkt Z steigt das elektrische Potential um U_0 an, also gilt $U_{YZ} = U_0$. Von Punkt Z zu Punkt X steigt das Potential ebenfalls um U_0, also $U_{ZX} = U_0$. Also gilt: $\Phi_X > \Phi_Z > \Phi_Y$."*

   Stimmen Sie einer der Aussagen zu? Wenn ja, welcher? Begründen Sie.

   d. Ordnen Sie die Spannungen $U_{\text{Batt A}}$ und $U_{\text{Batt B}}$ an den Batterien A und B und $U_{\text{Lampe 1}}$ und $U_{\text{Lampe 2}}$ an den Glühlampen 1 und 2 nach ihrem Betrag. Falls mehrere dieser Spannungen gleich groß sind, geben Sie dies ausdrücklich an. Begründen Sie.

e. Vergleichen Sie die Helligkeiten der Glühlampen 1 und 2. Begründen Sie.

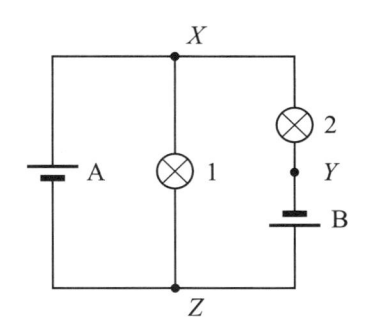

f. Zeichnen Sie in dem Schaltbild oben rechts die Richtungen der Ströme durch die Batterien und Glühlampen ein. Zeigen Sie, dass Ihre Antwort mit der Äußerung des Studenten, mit dem Sie in Teil 2.3 übereinstimmten, vereinbar ist.

g. Ist der Strom durch Batterie B *größer, kleiner* oder *gleich* dem Strom durch Batterie A? Begründen Sie.

h. Glühlampe 1 wird nun aus der Fassung entfernt. Nimmt der Strom durch Batterie A *zu, ab* oder bleibt er *gleich*? (*Hinweis:* Verwenden Sie die Kirchhoff'schen Regeln.) Begründen Sie.

3. Betrachten Sie die folgende *unzutreffende* Äußerung eines Studenten über den Schaltkreis VII aus dem Tutorial:

„Wenn ich die Kirchhoff'sche Maschenregel bei geschlossenem Schalter anwende, dann hat die rechte Masche eine Batterie und zwei Glühlampen in Reihe. Die Spannung der Batterie muss der Summe der Spannungen über den beiden Glühlampen entsprechen. Jede der Glühlampen erhält also die halbe Batteriespannung und die Glühlampen sind daher gleich hell."

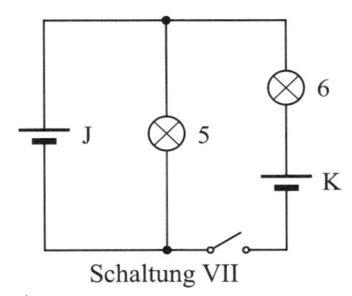

Finden Sie den oder die Fehler im Gedankengang des Studenten.

Im vorliegenden Tutorial wenden wir das in den vorausgegangenen Tutorien entwickelte Modell für Stromkreise auf einfache Schaltungen an, die Kondensatoren enthalten. Zunächst werden hier die Vorgänge beim Laden und Entladen von Kondensatoren untersucht. Das Verhalten von Kondensatoren in Wechselstromschaltungen wird in Teil III der Tutorien *(Grundlagen der Wechselstromtechnik)* behandelt.

Formulieren Sie Ihre Vermutungen, sofern Sie danach gefragt werden, *bevor* Sie die jeweilige Schaltung aufbauen.

1 Einfache RC-Schaltungen

1.1 Ein Kondensator ist mit einer Batterie, einer Glühlampe und einem Schalter verbunden, wie in der Abbildung dargestellt. Nehmen Sie an, dass der Schalter bereits *vor längerer Zeit* geschlossen wurde.

   a. Ist die Helligkeit der Glühlampe nach Ihrer Erwartung *größer*, *geringer* oder *gleich* der einer Glühlampe, die direkt an die Batterie angeschlossen ist? Begründen Sie.

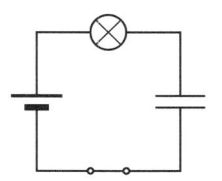

   b. Welche Werte erwarten Sie für die Spannungen an Batterie, Glühlampe und Kondensator? Begründen Sie.

   c. Beschreiben Sie kurz die Verteilung der Ladung auf den Kondensatorplatten.

   Beschreiben Sie mithilfe des Zusammenhangs zwischen der Ladung und der anliegenden Spannung, wie Sie ein Voltmeter benutzen können, um die Ladung auf einem Kondensator zu bestimmen.

   d. Lassen Sie sich die Schaltung und ein Voltmeter geben. Überprüfen Sie Ihre Vermutungen in den Teilen a und b.

1.2 Entfernen Sie den Kondensator aus dem Schaltkreis.

   a. Welche Spannung erwarten Sie am ausgebauten Kondensator? Begründen Sie.

   Überprüfen Sie Ihre Vermutung.

   b. Erwarten Sie, dass die Spannung am ausgebauten Kondensator *zunimmt, abnimmt* oder *gleich bleibt*, wenn Sie *einen* der beiden Anschlüsse erden? Begründen Sie Ihre Antwort.

   Überprüfen Sie Ihre Vermutung. (*Hinweis:* Sie können einen Heizkörper oder einen Wasserhahn als Erdung verwenden.)

   c. Überlegen Sie sich eine Methode, um die Spannung am Kondensator auf Null zu reduzieren, und führen Sie diese durch. (Man nennt diesen Vorgang auch das *Entladen* des Kondensators.) Vermeiden Sie es jedoch, die beiden Pole des Kondensators mit einem Draht kurzzuschließen.

   d. Man bezeichnet den Zustand des Kondensators in Abschnitt 1.1 als von der Batterie *geladen*.

   Hatte der Kondensator eine Gesamtladung, nachdem er an der Batterie angeschlossen war?

   Beschreiben Sie anhand Ihrer obigen Antwort, was mit *der Ladung* eines Kondensators gemeint ist.

2 Laden und Entladen von Kondensatoren

2.1 Ein *ungeladener* Kondensator wird mit einer Batterie und einer Glühlampe in Reihe geschaltet, wie in der Abbildung dargestellt.

a. Welches Verhalten der Glühlampe erwarten Sie, wenn der Schalter geschlossen wird? Begründen Sie.

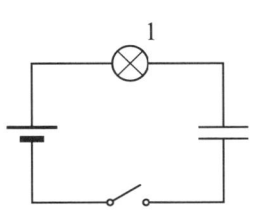

Bauen Sie die Schaltung auf und überprüfen Sie Ihre Vermutung.

Falls Ihre Beobachtung nicht mit Ihrer Vermutung übereinstimmt, geben Sie eine Erklärung für das, was Sie beobachtet haben.

b. Bestimmen Sie, *ohne ein Voltmeter zu verwenden*, die Spannung am Kondensator zu den folgenden Zeiten:

- *sofort*, nachdem der Schalter geschlossen wurde;

    Erläutern Sie, wie Sie zu Ihrer Aussage gelangt sind. (*Hinweis:* Vergleichen Sie die Helligkeit der Glühlampe mit der einer Glühlampe, die ohne Kondensator an eine Batterie angeschlossen ist.)

- *eine lange Zeit,* nachdem der Schalter geschlossen wurde. Begründen Sie.

Überprüfen Sie Ihre Vorhersagen mithilfe eines Voltmeters. (*Hinweis:* Entladen Sie den Kondensator nach jeder Beobachtung vollständig.)

2.2 Der Kondensator wird nun mit zwei in Reihe geschalteten Glühlampen verbunden, wie in der Abbildung dargestellt.

a. Vergleichen Sie die von Ihnen erwarteten Helligkeiten der Glühlampen 2 und 3 unmittelbar nach Schließen des Schalters. Begründen Sie.

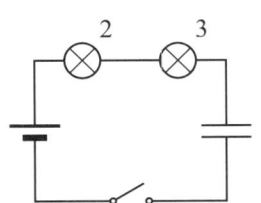

b. Vergleichen Sie die von Ihnen erwartete Helligkeit von Glühlampe 2 mit der von Glühlampe 1 (in Abschnitt 2.1) jeweils unmittelbar nach Schließen des Schalters. Begründen Sie.

Entladen Sie den Kondensator und bauen Sie die Schaltung mit dem ungeladenen Kondensator auf. Überprüfen Sie Ihre Vermutungen.

Falls Ihre Beobachtung nicht mit Ihrer Vermutung übereinstimmt, geben Sie eine Erklärung für das, was Sie beobachtet haben.

c. Vergleichen Sie die Ladung auf dem Kondensator mit der Ladung des Kondensators in Abschnitt 2.1, jeweils lange nach Schließen des Schalters.

Überprüfen Sie Ihre Vermutung mithilfe eines Voltmeters.

2.3 Die Glühlampen werden nun nicht in Reihe, sondern parallel geschaltet.

a. Vergleichen Sie die von Ihnen erwarteten Helligkeiten der Glühlampen 4 und 5 unmittelbar nach Schließen des Schalters. Begründen Sie.

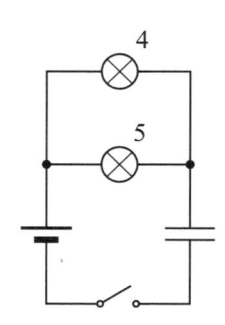

b. Vergleichen Sie die von Ihnen erwarteten Helligkeiten von Glühlampe 5 und den Glühlampen 1, 2 und 3 aus den vorigen Schaltungen jeweils unmittelbar nach Schließen des Schalters. Begründen Sie.

c. Vergleichen Sie die Ladung auf dem Kondensator mit der Ladung des Kondensators in Abschnitt 2.1, jeweils lange nach Schließen des Schalters.

Bauen Sie die Schaltung auf und überprüfen Sie Ihre Vermutungen.

Falls Ihre Beobachtungen nicht mit Ihren Vermutungen übereinstimmen, geben Sie eine Erklärung für das, was Sie beobachtet haben.

2.4 Zwei Studierende diskutieren über die obigen Versuche:

Pieter: *„Der Kondensator mit den beiden in Reihe geschalteten Glühlampen wurde deutlich mehr aufgeladen als der Kondensator, der mit den parallel geschalteten Glühlampen verbunden war, denn der Reihenschaltkreis hat den Kondensator viel länger aufgeladen."*

Ewald: *„Ich bin anderer Meinung. Die parallel geschalteten Glühlampen waren deutlich heller. Deshalb hat der Kondensator dabei mehr Ladung aufgenommen."*

Stimmen Sie mit einer der beiden Aussagen überein? Begründen Sie.

2.5 Ein Kondensator mit kleinerer Kapazität als zuvor wird mit der Batterie und einer Glühlampe so verbunden wie in Abschnitt 2.1.

    a. Vergleichen Sie die von Ihnen erwartete Spannung an der Glühlampe unmittelbar nach Schließen des Schalters mit der entsprechenden Spannung in Abschnitt 2.1. Begründen Sie.

    b. Vergleichen Sie die von Ihnen erwartete Helligkeit der Glühlampe unmittelbar nach Schließen des Schalters mit der entsprechenden Helligkeit in Abschnitt 2.1. Begründen Sie.

    c. Vergleichen Sie die Ladung auf dem Kondensator mit der Ladung des Kondensators in Abschnitt 2.1, jeweils lange nach Schließen des Schalters.

    Bauen Sie die Schaltung auf und überprüfen Sie Ihre Vermutungen.

    Falls Ihre Beobachtungen nicht mit Ihren Vermutungen übereinstimmen, geben Sie eine Erklärung für das, was Sie beobachtet haben.

3 Mehrere Kondensatoren

Eine Glühlampe wird wie abgebildet mit einer Batterie und zwei Kondensatoren verbunden. Die Kapazität C_1 ist kleiner als die Kapazität C_2.

3.1 Vor dem Aufbau der Schaltung äußert ein Student die folgende Vermutung:

    Benjamin: *„Strom fließt vom Pluspol der Batterie zum Minuspol. Da die Glühlampe auf beiden Seiten von der Batterie getrennt ist, wird die Glühlampe nicht leuchten."*

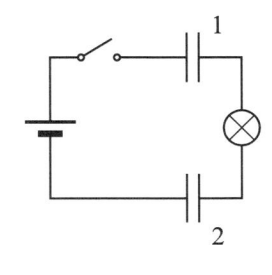

    Stimmen Sie dieser Aussage zu? Begründen Sie.

    Bitten Sie einen Tutor um einen zweiten Kondensator und überprüfen Sie Ihre Antwort.

3.2 Formulieren Sie für die folgenden Situationen Vermutungen anhand Ihrer Beobachtungen dieser Schaltung, ohne ein Voltmeter zu verwenden.

  a. Unmittelbar nach dem Schließen des Schalters:
  - Wie groß ist die Spannung an der Glühlampe? Erklären Sie, wie Sie das aus der Helligkeit der Glühlampe schlussfolgern können.

  - Wie groß ist die Spannung an jedem der Kondensatoren? Begründen Sie Ihre Antwort.

  b. Eine lange Zeit nach dem Schließen des Schalters:
  - Wie groß ist die Spannung an der Glühlampe? Begründen Sie Ihre Antwort.

  - Wie groß ist die Summe der Spannungen an den beiden Kondensatoren? Begründen Sie.

  - Ist die Ladung auf Kondensator 1 *größer, kleiner* oder *gleich* der Ladung auf Kondensator 2? Begründen Sie.

  - Ist die Spannung an Kondensator 1 *größer, kleiner* oder *gleich* der Spannung an Kondensator 2? Begründen Sie.

Überprüfen Sie Ihre Vermutungen in Abschnitt 3.2 mithilfe eines Voltmeters.

ÜBUNG — LADEN UND ENTLADEN VON KONDENSATOREN

1. Die rechts abgebildete Schaltung enthält eine Batterie, einen Wechselschalter, eine Glühlampe und einen Kondensator. Der Kondensator ist zu Beginn ungeladen.

   a. Beschreiben Sie das Verhalten der Glühlampe in den folgenden Situationen:

   - Der Schalter wird zunächst in die Position X gebracht.

     Beschreiben Sie das Verhalten von Glühlampe 1 ab dem Moment des Einschaltens. Begründen Sie.

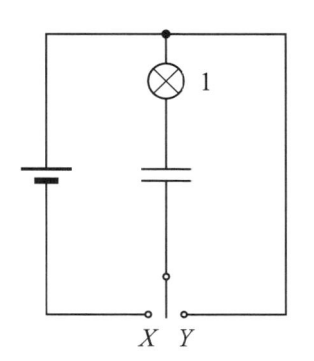

   - Der Schalter wird nun in Position Y gebracht.

     Beschreiben Sie das Verhalten der Glühlampe ab dem Moment des Umschaltens. Begründen Sie.

   b. Der Kondensator wird nun vollständig entladen und eine zweite, identische Glühlampe in die Schaltung eingefügt, wie abgebildet.

   - Der Schalter wird zunächst in die Position X gebracht.

     Beschreiben Sie das Verhalten der Glühlampen 2 und 3 ab dem Moment des Einschaltens. Begründen Sie.

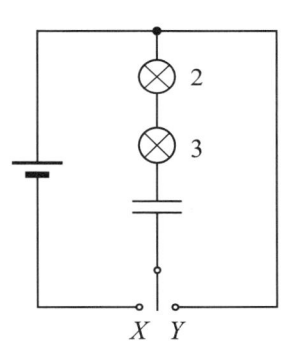

   Vergleichen Sie die Helligkeit von Glühlampe 3 unmittelbar nach Schließen des Schalters mit der entsprechenden Helligkeit von Glühlampe 1 in Teil 1.a. Begründen Sie.

   Ist die Spannung am Kondensator zu einem Zeitpunkt lange nach Schließen des Schalters *größer, kleiner* oder *gleich* der Spannung an der Batterie? Begründen Sie.

- Der Schalter wird nun in die Position Y gebracht.

  Beschreiben Sie das Verhalten der Glühlampen 2 und 3 ab dem Moment des Umschaltens. Begründen Sie.

  Vergleichen Sie die Helligkeit von Glühlampe 3 unmittelbar nach Schließen des Schalters mit der entsprechenden Helligkeit von Glühlampe 1 in Teil 1.a. Begründen Sie.

  Ist die Spannung am Kondensator zu einem Zeitpunkt lange nach Schließen des Schalters *größer, kleiner* oder *gleich* der Spannung an der Batterie? Begründen Sie.

2. Die abgebildete Schaltung enthält zwei identische Glühlampen, einen Kondensator, einen Schalter und eine ideale Batterie. Der Kondensator ist zu Beginn ungeladen.

   a. Unmittelbar nach Schließen des Schalters:
      - Geben Sie die Spannungen an Glühlampe 1, Glühlampe 2 und Kondensator C in Abhängigkeit von der Batteriespannung an. Begründen Sie.
      - Ordnen Sie die Ströme I_1, I_2, I_C und I_{Batt} nach ihrem Betrag. Begründen Sie.

   b. Eine lange Zeit nach dem Schließen des Schalters:
      - Ordnen Sie die Ströme I_1, I_2, I_C und I_{Batt} nach ihrem Betrag. Begründen Sie.
      - Geben Sie die Spannungen an Glühlampe 1, Glühlampe 2 und Kondensator C in Abhängigkeit von der Batteriespannung an. Begründen Sie.

   c. Fassen Sie Ihre Ergebnisse zusammen, indem Sie das Verhalten der Glühlampen 1 und 2 ab dem Moment des Einschaltens beschreiben.

TEIL II

Gleichstromnetzwerke

Modelleigenschaften	57
Tutorial	57
Übung	61
Quellen und Arbeitsgeraden	65
Tutorial	65
Übung	69
Ersatzquellen	71
Tutorial	71
Übung	75
Leistung	77
Tutorial	77
Übung	81

ÜBERBLICK

Im vorliegenden Tutorial werden einige der bisher eingeführten Begriffe mit dem in der Elektrotechnik üblichen Modell für elektrische Netzwerke formalisiert. Außerdem soll anhand einiger experimenteller Beobachtungen deutlich werden, welcher Zusammenhang zwischen diesem Modell und realen elektrischen Schaltungen besteht, und wo Unterschiede auftreten.

1 Wiederholung einiger Grundlagen

1.1 *Potentialstufen im Schaltbild*

Die nachfolgende Abbildung gibt die Drahtverbindungen zwischen den Bauteilen einer Schaltung aus einer Batterie und vier Widerständen wirklichkeitsgetreu wieder.

a. Markieren Sie im Schaltbild jeweils alle Punkte gleichen Potentials mit derselben Farbe (z. B. rot für das höchste auftretende Potential, blau für das niedrigste, usw.).

Warum hängt Ihr Ergebnis nicht davon ab, ob die vier Widerstände identisch sind oder nicht? Erläutern Sie.

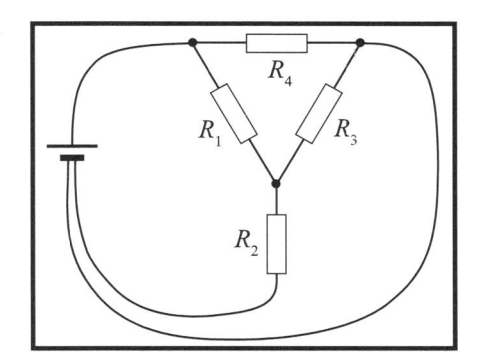

b. Zeichnen Sie nun im Zeichenfeld rechts ein Schaltbild der gleichen Schaltung in der üblichen rechtwinkligen Form.

c. Beschreiben Sie die Schaltung in ihrem Aufbau durch Reihen- und Parallelschaltung der verschiedenen Widerstände.

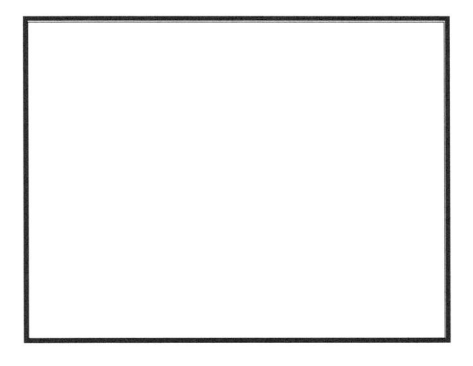

1.2 *Reihen- und Parallelschaltungen*

a. Formulieren Sie Definitionen der Begriffe „Reihenschaltung" und „Parallelschaltung" für Bauelemente in elektrischen Schaltkreisen. Verwenden Sie dabei *nicht* die Begriffe „Strom" oder „Spannung".

- Reihenschaltung

- Parallelschaltung

b. Wenden Sie Ihre Definitionen auf die nebenstehende Schaltung an, d. h. geben Sie an, welche Widerstände oder Baugruppen von Widerständen miteinander parallel oder in Reihe geschaltet sind.

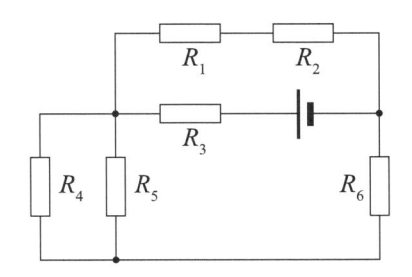

c. Was lässt sich jeweils über die Ströme durch und Spannungen an zwei Bauelementen aussagen, die in Reihe bzw. parallel geschaltet sind? Begründen Sie Ihre Antwort.

- Reihenschaltung

- Parallelschaltung

Können Sie weiter gehende Aussagen treffen, wenn es sich um zwei identische Bauelemente handelt?

1.3 Zählpfeile und Aufstellen von Netzwerkgleichungen

Das Symbol in Abbildung (a) wird in der Elektrotechnik häufig zur Bezeichnung einer Spannungsquelle verwendet. Dabei gibt der Pfeil die Richtung vom höheren zum niedrigeren Potential an, wenn U_0 einen positiven Zahlenwert hat. Der Pfeil in Abbildung (b) stellt den Strom durch einen Leiter oder ein Schaltungselement dar. Ein positiver Wert für I entspricht hier einer Bewegung positiver Ladung in Pfeilrichtung. Beide Arten von Pfeilen werden als *Zählpfeile* bezeichnet. Zählpfeile werden später im Zusammenhang mit der Leistung in elektrischen Systemen erneut betrachtet.

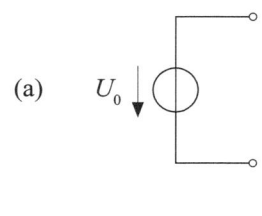

In der rechts dargestellten Schaltung sind die beiden Spannungsquellen durch Zählpfeile gekennzeichnet. Außerdem sind an zwei Stellen Stromzählpfeile eingetragen. U_A und U_B sollen beide positiv sein.

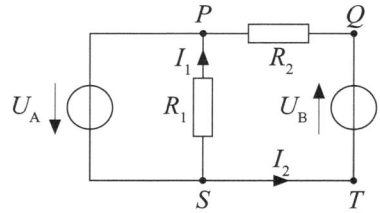

a. Stellen Sie eine algebraische Gleichung auf, welche die Potentiale Φ_P und Φ_S an den Punkten P und S miteinander in Beziehung setzt.

Müssen Sie den Wert von R_1 kennen, um $\Phi_P - \Phi_S$ zu bestimmen, sofern U_A gegeben ist?

Welches Element im obigen Schaltbild wird durch diese Gleichung algebraisch wiedergegeben?

b. Stellen Sie eine algebraische Gleichung auf, mit welcher der Strom I_1 in Abhängigkeit von den Potentialen an geeigneten Punkten bestimmt werden kann.

Welches Element im obigen Schaltbild wird durch diese Gleichung algebraisch wiedergegeben?

c. Ordnen Sie einem der markierten Punkte das Potential 0 V zu und bestimmen Sie die Potentiale an den anderen Punkten.

Welcher Punkt in der Schaltung hat das höchste, welcher das niedrigste Potential?

d. Bestimmen Sie anhand Ihrer Ergebnisse in Teil c die Vorzeichen der beiden Ströme I_1 und I_2. Begründen Sie.

e. In den Teilen a und c haben Sie jeweils einer Netzwerkgleichung ein bestimmtes Symbol im Schaltbild zugeordnet, das durch diese Gleichung wiedergegeben wird. Stellen Sie nun zwei weitere Gleichungen auf, welche die Symbole für U_B und R_2 in der obigen Schaltung algebraisch wiedergeben.

2 Anwendbarkeit und Grenzen des Modells

2.1 Ohmsches und nicht-ohmsches Verhalten

Die Schaltungen rechts enthalten identische Glühlampen. Die beiden Batterien sind gleich und haben eine konstante Klemmenspannung U.

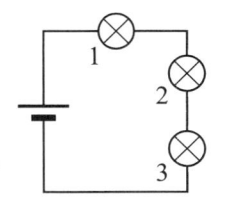

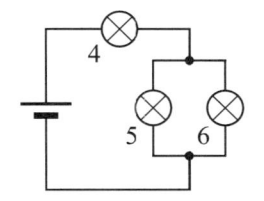

a. Vergleichen Sie mithilfe qualitativer Überlegungen die Helligkeit der Lampen *innerhalb* jeder der beiden Schaltungen.

b. *Nehmen Sie an*, die Lampen verhalten sich nach dem Ohm'schen Gesetz, d.h. sie besitzen einen vom Strom unabhängigen Widerstand R.
Bestimmen und vergleichen Sie die Ströme durch die Lampen 3 und 5, die sich aufgrund dieser Annahme ergeben würden.

Leuchtet Lampe 3 nach Ihrer Erwartung *heller, weniger hell* oder *gleich hell* wie Lampe 5?

c. Bauen Sie die beiden Schaltungen auf und vergleichen Sie die tatsächlichen Helligkeiten der beiden Lampen. Vergleichen Sie *aufgrund Ihrer Beobachtungen*

- den Strom durch Lampe 5 mit dem Strom durch Lampe 3,

- die Spannung an Lampe 5 mit der Spannung an Lampe 3.

d. Sind die folgenden Spannungen Ihrer Beobachtung zufolge *größer, kleiner* oder *gleich* einem Drittel der Batteriespannung?

- die Spannung an Lampe 3

- die Spannung an Lampe 5

Wir möchten nun die Widerstände der (identischen) Lampen in den Positionen 4 und 5 der rechten obigen Schaltung miteinander vergleichen. Dazu werden zunächst die Ströme, anschließend die Spannungen der beiden Lampen zueinander in Beziehung gesetzt.

e. Ist der Strom durch Lampe 5 *größer, kleiner* oder *gleich* der Hälfte des Stromes durch Lampe 4?

f. Ist die Spannung an Lampe 5 *größer, kleiner* oder *gleich* der Hälfte der Spannung an Lampe 4? (*Hinweis:* Verwenden Sie Ihre Antwort aus Teil d.)

g. Ist das Verhältnis von Spannung zu Strom für Lampe 5 *größer, kleiner* oder *gleich* dem entsprechenden Verhältnis für Lampe 4?

h. Haben die Glühlampen einen vom durch sie fließenden Strom unabhängigen Widerstand, d. h. weisen sie *lineares* (oder *ohmsches*) Verhalten auf?

In den folgenden Tutorien beschäftigen wir uns in erster Linie mit linearen Schaltungselementen und betrachten deshalb Schaltungen mit ohmschen Widerständen anstelle von Glühlampen. Das Verhalten nicht-linearer Elemente wird in Teil V der Tutorien wieder aufgegriffen.

2.2 Ideale und nicht-ideale Spannungsquellen

Schließen Sie eine einzelne Glühlampe (Lampe 1) an eine Batterie an. Bauen Sie getrennt davon eine Parallelschaltung von mindestens fünf Glühlampen (ohne Batterie) auf.

a. Verbinden Sie nun das Netzwerk aus den fünf Lampen in Parallelschaltung mit der bereits leuchtenden Lampe 1. Achten Sie darauf, ob sich dabei die Helligkeit von Lampe 1 ändert. Trennen Sie dann wieder die Verbindung zwischen Lampe 1 und den anderen Lampen.

b. Schließen Sie ein Voltmeter an den Batterieklemmen an. Wiederholen Sie den Versuch und achten Sie nun darauf, ob sich die Klemmenspannung der Batterie ändert.

Wir haben in einem früheren Tutorial beobachtet, dass zwei oder drei Glühlampen, die in Parallelschaltung an eine „gute" Batterie angeschlossen sind, nahezu die gleiche Helligkeit besitzen wie eine einzelne Lampe an der gleichen Batterie. Wir haben eine Batterie, für welche dies exakt zutrifft, als *ideale Batterie* oder *ideale Spannungsquelle* bezeichnet und festgestellt, dass bei zwei oder drei parallel geschalteten Lampen eine „gute" Batterie sich nahezu ideal verhält. In diesem Versuch konnten Sie die Grenzen der Anwendbarkeit dieses Modells beobachten. Je mehr Lampen parallel verbunden sind, desto deutlicher werden die Abweichungen vom Verhalten einer idealen Batterie.

Das Verhalten nicht-idealer Quellen wird im nachfolgenden Tutorial ausführlich untersucht.

ÜBUNG MODELLEIGENSCHAFTEN

1. Die nachfolgende Abbildung gibt die Drahtverbindungen zwischen den Bauteilen in zwei Schaltungen (a) und (b) wirklichkeitsgetreu wieder.

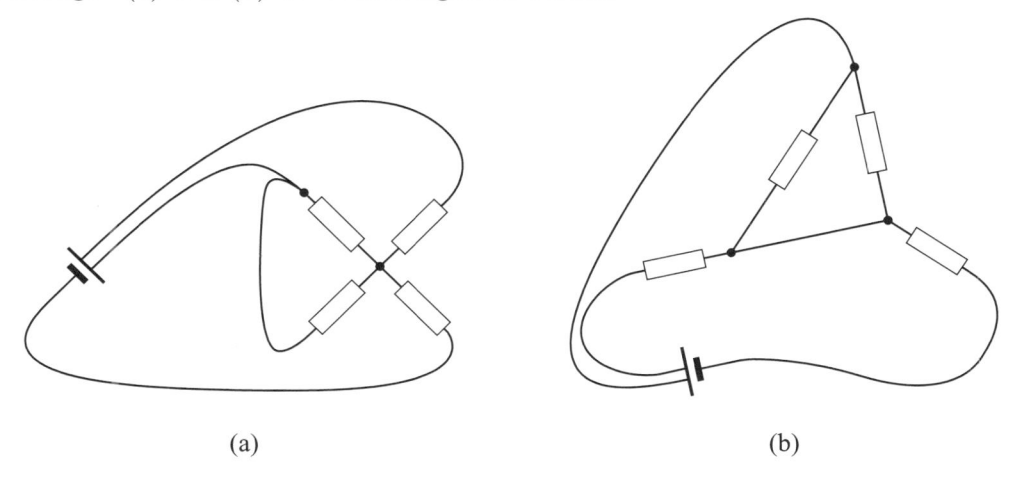

   (a)   (b)

   a. Beschreiben Sie die beiden Schaltungen (a) und (b) in ihrem Aufbau durch Reihen- und Parallelschaltung der vier Widerstände.

   b. In der folgenden Abbildung sind vier Schaltbilder (I) bis (IV) in der üblicherweise verwendeten rechtwinkligen Form gegeben. Ordnen Sie jeder der beiden obigen Schaltungen (a) und (b) das passende Schaltbild zu.

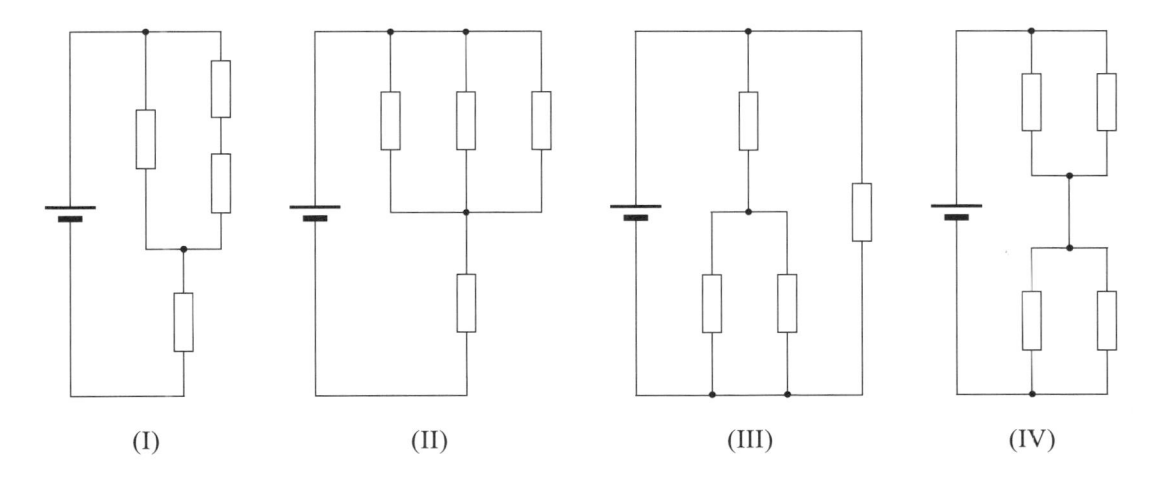

   (I)   (II)   (III)   (IV)

2. Die nachfolgende Abbildung zeigt ein Netzwerk mit drei Anschlussklemmen A, B und C. Beschreiben Sie die sich ergebende Schaltung hinsichtlich der auftretenden Reihen- und Parallelschaltungen und bestimmen Sie den Gesamtwiderstand des Netzwerks, wenn die Spannungsquelle

   - zwischen den Klemmen A und B angeschlossen ist,

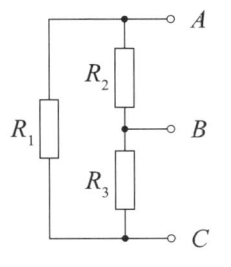

   - zwischen den Klemmen A und C angeschlossen ist.

   Hängt die Zerlegung in Reihen- und Parallelschaltungen von den Anschlüssen der Quelle ab?

Tutorien zur Elektrotechnik
Christian H. Kautz

3. Es gibt Schaltungen, die sich nicht in Reihen- und Parallelschaltungen von Bauteilen zerlegen lassen. Zeichnen Sie rechts ein Schaltbild einer solchen Schaltung.

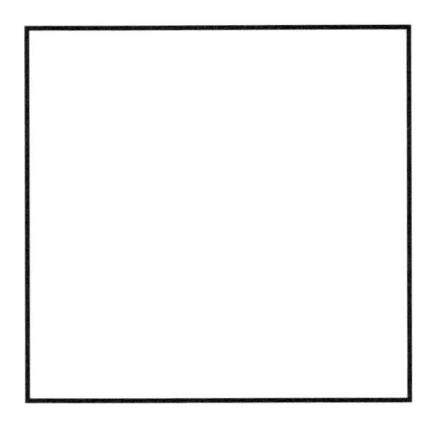

4. Ein Student hat die beiden Pole einer 1,5-Volt-Batterie mit einem kurzen Draht verbunden und möchte diese Situation bildlich darstellen. Dazu hat er die Batterie modellhaft als ideale Spannungsquelle beschrieben und folgendes Schaltbild skizziert.

   a. Übersetzen Sie entsprechend Abschnitt 1.3 im *Tutorial* die folgenden Schaltbildsymbole in algebraische Gleichungen:

      - das Batteriesymbol

      - die durchgezogene Linie für den idealen Leiter

   Falsche Darstellung einer kurzgeschlossenen Batterie

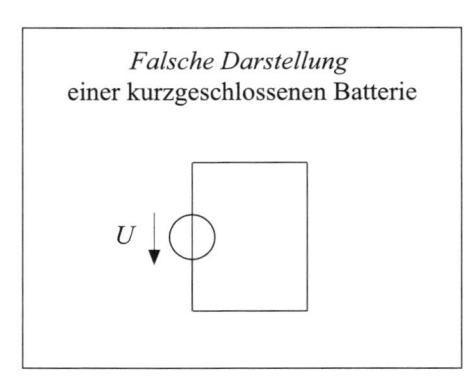

   b. Erläutern Sie, warum die Skizze kein zulässiges Schaltbild im Netzwerkmodell der Elektrotechnik ist. (*Hinweis:* Versuchen Sie, verschiedenen Punkten in der Schaltung ein Potential zuzuordnen.) Streichen Sie anschließend das unzulässige Schaltbild durch.

   c. Welche Annahme wurde implizit über die Drahtverbindung zwischen den Polen der Batterie gemacht?

      Korrigieren Sie diese unrealistische Annahme und zeichnen Sie ein neues Schaltbild für die betrachtete Situation.

   Mögliche Darstellung einer kurzgeschlossenen Batterie

   Andere modellhafte Darstellungen dieser experimentellen Anordnung sind möglich. Deshalb wird diese Situation in den Übungen zum Tutorial *Quellen und Arbeitsgeraden* erneut untersucht.

5. Erläutern Sie, warum zwei ideale Quellen mit unterschiedlicher Spannung nicht parallel geschaltet werden dürfen.

6. Eingangsspannungen in elektrischen Schaltungen werden häufig durch Spannungspfeile angedeutet, ohne dass ein Symbol für eine Quelle gezeichnet wird. Zwei Studierende diskutieren anhand des nebenstehenden Schaltbildes, wie diese Konvention zu verstehen ist.

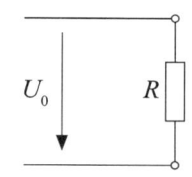

   Student 1: *„Der Pfeil ersetzt hier die Spannungsquelle. Durch den Widerstand fließt also ein Strom."*

   Student 2: *„Das kann nicht sein. Der Widerstand ist nicht Teil eines geschlossenen Stromkreises. Um einen Gleichstrom fließen zu lassen, muss immer ein geschlossener Stromkreis vorhanden sein. Der Strom durch diesen Widerstand ist also Null."*

   a. Welcher der beiden Aussagen stimmen Sie zu? Begründen Sie Ihre Antwort.

   b. Stellen Sie eine Gleichung auf, welche das Vorhandensein des Spannungspfeils algebraisch wiedergibt.

In den bisherigen Tutorien wurde angenommen, dass die Spannung einer Batterie nicht von der mit ihr verbundenen Schaltung abhängt. Am Ende des vorigen Tutorials hatten Sie beobachtet, dass diese Annahme in der Realität nicht immer erfüllt ist. Im vorliegenden Tutorial wird ein Modell für nicht-ideale Spannungsquellen entwickelt. Außerdem wird eine grafische Darstellung der Eigenschaften solcher Quellen erarbeitet.

1 Ideale und nicht-ideale Spannungsquellen

1.1 *Abweichungen vom idealen Verhalten*

Machen Sie sich im Folgenden bewusst, inwiefern sich ideale und nicht-ideale Spannungsquellen unterscheiden.

   a. Geben Sie eine Definition einer *idealen* Spannungsquelle an.

   b. Beschreiben Sie ein einfaches Experiment, mit dem Sie feststellen können, ob sich eine gegebene Spannungsquelle annähernd ideal verhält. Verwenden Sie dazu Ihre Beobachtungen im Tutorial *Modelleigenschaften* (Abschnitt 2.2) oder führen Sie das dort vorgeschlagene Experiment jetzt durch, wenn Sie dies noch nicht getan haben.

   c. Was erwarten Sie aufgrund Ihrer Beobachtungen für die Klemmenspannung einer nicht-idealen Spannungquelle, wenn der Widerstand der Schaltung, mit der sie verbunden ist, verringert wird? Wird die Klemmenspannung *zunehmen, abnehmen* oder *bleibt sie gleich?*

1.2 *Ein Modell für nicht-ideale Quellen*

Unser Ziel ist es, bereits bekannte Schaltungselemente (ideale Quellen und Widerstände) so miteinander zu kombinieren, dass ein neues Schaltungselement gebildet wird, welches das Verhalten realer Batterien besser beschreiben kann, als dies eine ideale Spannungsquelle tut.

Wir stellen eine nicht-ideale Spannungsquelle im Modell als Reihenschaltung aus einer idealen Spannungsquelle und einem Widerstand, dem *Innenwiderstand* der Quelle, dar.

   a. Zeichnen Sie rechts ein Schaltbild einer solchen nicht-idealen Spannungsquelle, die mit einem weiteren Widerstand R_{Last} verbunden ist. Dieser Widerstand steht (im Unterschied zum Innenwiderstand der Quelle) für alle an eine Quelle angeschlossenen „Verbraucher" und wird als *Lastwiderstand* bezeichnet.

   Markieren Sie in Ihrem Schaltbild die Klemmen der *nicht-idealen* Quelle.

   b. Angenommen, R_{Last} wird nun verringert. Wird die Spannung der *idealen Quelle* in der Schaltung dadurch *vergrößert,* wird sie *verringert* oder *bleibt sie gleich?*

   Wird die Klemmenspannung der *nicht-idealen* Quelle dadurch *vergrößert,* wird sie *verringert* oder *bleibt sie gleich?* (*Hinweis:* Ändert sich der Spannungsabfall am Innenwiderstand der Quelle, wenn der Lastwiderstand verringert wird?) Begründen Sie Ihre Antwort.

Die Spannung der idealen Quelle wird zur Unterscheidung von der Klemmenspannung der nicht-idealen Quelle häufig als *Quellenspannung* bezeichnet.

c. Betrachten Sie noch einmal das Experiment, welches Sie im Tutorial *Modelleigenschaften* (Abschnitt 2.2) durchgeführt haben. In welcher Hinsicht wird das Verhalten der Batterie, welches Sie dort beobachtet haben, durch das Modell der nicht-idealen Quelle in Teil a und b oben beschrieben?

2 Arbeitsgeraden

2.1 *Spannung und Strom einer nicht-idealen Quelle*

Untersuchen Sie anhand der folgenden Aufgaben das Verhalten einer nicht-idealen Spannungsquelle mit Quellenspannung $U_0 = 10\,\text{V}$ und Innenwiderstand $R_i = 20\,\Omega$. Der Lastwiderstand kann verschiedene Werte annehmen.

a. Berechnen Sie den Strom I und die Klemmenspannung U (d.h. die Spannung an der Last) für die folgenden Werte des Lastwiderstandes: $R_\text{Last} = 5\,\Omega, 20\,\Omega, 80\,\Omega$ und $180\,\Omega$ sowie für die Grenzfälle $R_\text{Last} \to 0$ und $R_\text{Last} \to \infty$. Tragen Sie die Werte in die Tabelle ein. (*Hinweis:* Zur Vereinfachung der Rechnung empfiehlt es sich, wie in der Tabelle vorgesehen, die Zwischenergebnisse R_ges und IR_i zu notieren.)

R_Last [Ω]	5	20	80	180	0	∞
R_i [Ω]	20	20	20	20	20	20
R_ges [Ω]						
I [A]						
IR_i [V]						
U [V]						

b. Zeichnen Sie die Werte für Strom und Klemmenspannung in das I,U-Diagramm ein. Beachten Sie die vorgegebene Wahl der Achsen und kennzeichnen Sie die eingezeichneten Punkte mit dem zugehörigen Wert für R_Last.

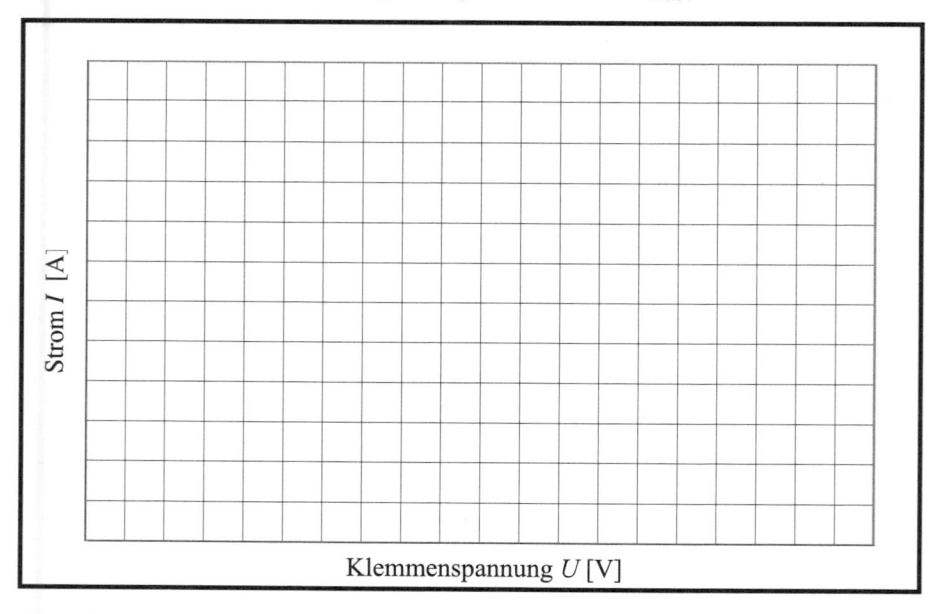

Beschreiben Sie die Kurve, die Sie erhalten.

> Man bezeichnet diese Kurve häufig als die *Arbeitsgerade* der (nicht-idealen) Quelle. Die einzelnen Punkte auf der Arbeitsgeraden werden als *Arbeitspunkte* der Schaltung mit dem jeweiligen Lastwiderstand bezeichnet. Der Begriff des Arbeitspunktes und seine grafische Bestimmung mithilfe der Arbeitsgerade finden z. B. bei nicht-linearen Bauelementen und Verstärkerschaltungen Anwendung.

2.2 Eigenschaften der Arbeitsgerade

a. Bestimmen Sie die Steigung der Geraden einschließlich der Einheiten.

Welche Beziehung besteht zwischen dem Wert, den Sie erhalten haben, und dem Innenwiderstand der Quelle? (*Hinweis:* Achten Sie hierbei auch auf das Vorzeichen.)

Würde ein größerer Innenwiderstand zu einer *stärker* oder einer *weniger stark* abfallenden Gerade führen?

b. Die Schnittpunkte der Arbeitsgeraden mit den Koordinatenachsen werden als *Kurzschlussstrom* (I_{KS}) und *Leerlaufspannung* (U_{LL}) bezeichnet. Erläutern Sie, inwiefern die beiden Begriffe den Sachverhalt treffend beschreiben.

c. Stellen Sie eine Gleichung für die Arbeitsgerade auf, d. h. geben Sie I als Funktion von U an. Drücken Sie die Gleichung zunächst mithilfe von Werten aus, die Sie aus der Zeichnung ablesen können.

Geben Sie nun eine algebraische Gleichung mit den Parametern U_{LL} und R_i an.

d. Formen Sie die eben gefundene Gleichung um, indem Sie jeden Term mit R_i multiplizieren.

Welches physikalische Gesetz wird durch die Gleichung ausgedrückt, die Sie nun erhalten haben?

e. Wie lässt sich mithilfe dieses Gesetzes die negative Steigung der Arbeitsgeraden (d. h. der Darstellung von I in Abhängigkeit von U bei gegebener nicht-idealer Quelle) qualitativ erklären?

f. Erläutern Sie anhand dieses Gesetzes noch einmal Ihre Antwort auf die Frage (in Teil 2.2.a), wie sich ein größerer Innenwiderstand auf die Steigung der Arbeitsgerade auswirken würde.

g. Wie ändert sich die Arbeitsgerade, wenn jeweils eine der folgenden Änderungen an der Schaltung durchgeführt wird? Begründen Sie jeweils Ihre Antwort.

- Die Quellenspannung wird verringert.

- Der Innenwiderstand der Quelle wird erhöht.

- Der Lastwiderstand wird verringert.

h. Lässt sich auch für eine ideale Spannungsquelle eine Arbeitsgerade angeben? Wenn ja, wie würde sich diese von der hier gezeichneten Arbeitsgeraden unterscheiden?

Welche Werte nehmen die Leerlaufspannung und der Kurzschlussstrom bei einer idealen Spannungsquelle an?

2.3 Arbeitspunkte

Betrachten Sie nun einen festen Lastwiderstand von $R_{\text{Last}} = 80\,\Omega$, der mit verschiedenen Quellen verbunden werden kann.

a. Geben Sie eine Gleichung an, welche den Strom durch den Lastwiderstand in Abhängigkeit von der Spannung an ihm beschreibt.

b. Zeichnen Sie die Kurve, die diesen Zusammenhang wiedergibt, in Ihr Diagramm in Teil 2.1.b ein. (Diese Kurve wird häufig als *Kennlinie* der Last bezeichnet.)

Welcher Zusammenhang besteht zwischen der Steigung der Kennlinie und dem Lastwiderstand R_{Last}?

c. Betrachten Sie den Schnittpunkt der Kennlinie mit der Arbeitsgeraden. Geben die Koordinaten dieses Punktes die richtigen Werte für Strom und Spannung wieder, wenn der vorgegebene Lastwiderstand an die nicht-ideale Spannungsquelle angeschlossen wird? Begründen Sie. (*Hinweis:* Die tatsächlichen Werte von Strom und Spannung müssen *zwei* physikalische Bedingungen erfüllen.)

d. Bestimmen Sie zeichnerisch den Strom in der Schaltung für einen Lastwiderstand von $R_{\text{Last}} = 30\,\Omega$. Überprüfen Sie Ihr Ergebnis, indem Sie den Strom wie oben in Abschnitt 2.1 berechnen.

ÜBUNG: QUELLEN UND ARBEITSGERADEN

1. Die Abbildung rechts zeigt zwei ähnliche, aber unvollständig beschriftete Schaltungen. Welche Art von Spannungsquelle, ideal oder nicht-ideal, wird durch das Schaltbild vermutlich jeweils beschrieben? In welcher der beiden Schaltungen ist ein Lastwiderstand enthalten? (*Hinweis:* Achten Sie auf die eingezeichneten Klemmen.)

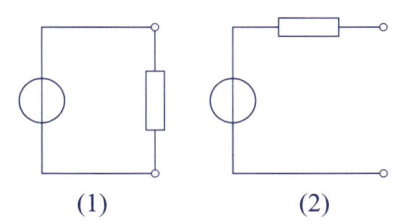

   (1)   (2)

2. In den Übungen zum Tutorial *Modelleigenschaften* haben Sie folgende Situation betrachtet: Ein Student hatte die beiden Pole einer 1,5-Volt-Batterie mit einem kurzen Draht verbunden und versucht, diese Situation bildlich darzustellen. Dazu hatte er die Batterie modellhaft als ideale Spannungsquelle beschrieben und deren Klemmen durch einen idealen Leiter verbunden, wie in der Abbildung rechts dargestellt.

   Falsche Darstellung einer kurzgeschlossenen Batterie

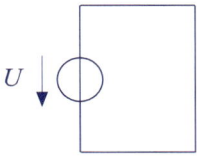

   a. Machen Sie sich erneut bewusst, warum dieses Schaltbild nicht zulässig ist und streichen Sie anschließend das Schaltbild durch.

   b. In Aufgabe 4 der Übungen zu *Modelleigenschaften* sollten Sie eine mögliche richtige modellhafte Darstellung der Situation angeben, die den endlichen Widerstand des Drahtes berücksichtigt. Skizzieren Sie das entsprechende Schaltbild hier noch einmal.

   Mögliche Darstellung einer kurzgeschlossenen Batterie aus Übungen zu *Modelleigenschaften*

   c. Welche andere Möglichkeit gibt es, diese Situation modellhaft richtig zu beschreiben? (*Hinweis:* Korrigieren Sie im oberen Schaltbild die Darstellung der Quelle.) Zeichnen Sie rechts ein entsprechendes Schaltbild.

   Weitere mögliche Darstellung einer kurzgeschlossenen Batterie

   d. Vergleichen Sie die beiden Beschreibungen. Inwiefern unterscheiden sich die entsprechenden Schaltbilder? Welche unterschiedlichen Interpretationen der Situation stehen dahinter?

   e. Wovon hängt es ab, welche der beiden Darstellungen die Wirklichkeit besser beschreibt? Gibt es einen Grenzfall, für den keine der beiden Darstellungen angemessen ist?

   Weitere mögliche Darstellung einer kurzgeschlossenen Batterie

   Gibt es eine allgemeinere Darstellung, die auch diesen Fall berücksichtigt? Zeichnen Sie rechts ein entsprechendes Schaltbild.

Tutorien zur Elektrotechnik
Christian H. Kautz

3. Rufen Sie sich noch einmal die Beobachtung ins Gedächtnis zurück, die Sie in Abschnitt 2.1 im Tutorial *Modelleigenschaften* gemacht haben.

   a. Wie konnten Sie aus den unterschiedlichen Helligkeiten der Glühlampen C und D schließen, dass die Lampen nicht dem ohmschen Gesetz folgen?

   b. Ist es möglich, dass der beobachtete Effekt ungleicher Helligkeiten der Lampen C und D eigentlich einen anderen Grund hat, nämlich die Tatsache, dass die Batterie keine ideale Spannungsquelle darstellt?
   Überlegen Sie hierzu, ob eine nicht-ideale Quelle im Prinzip den gleichen Effekt hervorrufen würde oder ob dies die Helligkeit der beiden Lampen in *umgekehrter* Weise verändern würde.

   Wie ließe sich experimentell ausschließen, dass dies der tatsächliche Grund für die unterschiedlichen Helligkeiten ist? Führen Sie nach Möglichkeit das Experiment durch, um sich davon zu überzeugen, dass (wie im vorigen Tutorial angenommen) das nicht-lineare Verhalten der Lampen den beobachteten Effekt verursacht.

TUTORIAL ERSATZQUELLEN

Im vorigen Tutorial haben wir ein Modell für eine nicht-ideale Spannungsquelle aufgestellt und dessen Eigenschaften untersucht. Im vorliegenden Tutorial werden ideale und nicht-ideale *Stromquellen* eingeführt. Anschließend wird der Zusammenhang zwischen Strom- und Spannungsquellen untersucht. Das Ergebnis soll auf alle linearen Gleichstromnetzwerke verallgemeinert werden.

1 Stromquellen und Spannungsquellen

1.1 Stromquellen

a. Geben Sie in Analogie zur idealen Spannungsquelle eine Definition für eine *ideale Stromquelle* an.

Für eine ideale Stromquelle wird in der Elektrotechnik häufig das Symbol links im nebenstehenden Schaltbild verwendet. Warum sollte eine solche Quelle nicht mit unverbundenen Klemmen, sondern immer mit einer Last (hier z. B. einem Kurzschluss) gezeichnet werden?

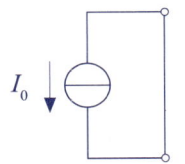

b. Skizzieren Sie im Diagramm rechts eine Arbeitsgerade für den Grenzfall einer idealen Stromquelle. Wie unterscheidet sich diese Arbeitsgerade von denen, die Sie im vorigen Tutorial für ideale und nicht-ideale Spannungsquellen gezeichnet haben?

c. Welche Werte haben die Leerlaufspannung und der Kurzschlussstrom bei einer idealen Stromquelle?

d. Beschreiben Sie, wie sich das Verhalten einer *nicht*-idealen Stromquelle von dem einer idealen (gemäß Ihrer Definition in Teil a) unterscheidet.

1.2 Innenwiderstand einer Stromquelle

Ein Student beschreibt ein Modell für eine nicht-ideale Stromquelle wie folgt:

„Wir haben gesehen, dass eine nicht-ideale Spannungsquelle als eine ideale Spannungsquelle in Reihenschaltung mit einem Innenwiderstand dargestellt werden kann. Eine nicht-ideale Stromquelle sollte sich also als ideale Stromquelle in Reihe mit einem Innenwiderstand darstellen lassen."

a. Das von dem Studenten vorgeschlagene Modell ist *nicht* richtig. Skizzieren Sie ein Schaltbild für dieses Modell und erläutern Sie, warum es die Bedingungen einer *nicht-idealen* Stromquelle nicht erfüllt.

Fehlerhaftes Modell einer nicht-idealen Stromquelle

Streichen Sie nun das fehlerhafte Schaltbild durch.

Tutorien zur Elektrotechnik
Christian H. Kautz

b. Skizzieren Sie nun ein Schaltbild mit einer idealen Stromquelle und einem dazu parallel geschalteten Innenwiderstand. Markieren Sie die Klemmen dieser gesamten Anordnung und fügen Sie einen Lastwiderstand hinzu.

Beschreiben Sie, inwiefern sich dieses Modell wie eine nicht-ideale Stromquelle verhält.

Richtiges Modell einer nicht-idealen Stromquelle

c. Wie verhält sich eine solche nicht-ideale Stromquelle, d. h. wie ändern sich I_Last und U_Klemmen, wenn R_Last erhöht wird?

Vergleichen Sie dieses Verhalten mit dem einer nicht-idealen *Spannungsquelle*.

1.3 *Nicht-ideale Strom- und Spannungsquellen*

Betrachten Sie eine nicht-ideale Stromquelle mit einem Quellenstrom $I_\text{Q} = 0{,}5\,\text{A}$ und einem (parallel geschalteten) Innenwiderstand von $R_\text{i} = 20\,\Omega$.

a. Berechnen Sie die sich ergebende Klemmenspannung und den Laststrom mit den folgenden Werten (oder Grenzwerten) für den Lastwiderstand: $R_\text{Last} = 0\,\Omega, 5\,\Omega, 20\,\Omega$ und $R_\text{Last} \to \infty$. Tragen Sie Ihre Ergebnisse in die Tabelle ein.

R_Last [Ω]	0	5	20	∞
I [A]				
U [V]				

b. Skizzieren Sie mithilfe der Werte aus Teil a die Arbeitsgerade für die (nicht-ideale) Stromquelle.

Vergleichen Sie diese Arbeitsgerade mit der, die Sie im Tutorial *Quellen und Arbeitsgeraden* für die nicht-ideale *Spannungsquelle* gezeichnet haben.

c. Kann man anhand der Arbeitsgeraden unterscheiden, ob es sich um eine nicht-ideale Stromquelle oder eine Spannungsquelle handelt?

Angenommen, Sie hätten eine der beiden Quellen in einem verschlossenen Kasten gegeben, so dass nur die beiden Klemmen zu sehen sind. Ist es möglich, anhand zusätzlicher Messungen zu unterscheiden, um welche Art von Quelle es sich handelt?

d. Beschreiben Sie allgemein, wie eine Stromquelle in eine Spannungsquelle umgewandelt werden kann.

Unter welchen Umständen ist es nicht möglich, diese Umformung vorzunehmen?

2 Nullsetzen von Quellen

Bei einigen Verfahren der Netzwerkanalyse ist es erforderlich, einzelne oder alle auftretenden Quellen „auf Null zu setzen", d. h. durch Quellen mit den Werten $U_Q = 0\,\text{V}$ oder $I_Q = 0\,\text{A}$ zu ersetzen.

2.1 *Spannungsquellen*

Skizzieren Sie zunächst eine Schaltung, die eine Spannungsquelle ($U_Q \neq 0\,\text{V}$) mit als bekannt vorausgesetztem Innenwiderstand R_i enthält.

a. Welcher mathematischen Aussage entspricht das Auftreten der idealen Spannungsquelle an dieser Stelle? (*Hinweis:* Erinnern Sie sich an die Zuordnung von Gleichungen und Schaltungssymbolen im Tutorial *Modelleigenschaften*.)

b. Die Quellenspannung soll nun nach und nach verringert werden, bis sie den Wert Null erreicht. Wie lässt sich die Schaltung im Grenzfall $U_Q = 0\,\text{V}$ vereinfacht zeichnen?

Durch welches „Schaltungselement" lässt sich die Quellenspannung in diesem Grenzfall ersetzen?

c. Welcher Effekt der gesamten nicht-idealen Spannungsquelle verbleibt, nachdem die Quellenspannung auf Null gesetzt wurde?

2.2 *Stromquellen*

Skizzieren Sie nun eine Schaltung, die eine Stromquelle ($I_Q \neq 0\,\text{A}$) mit als bekannt vorausgesetztem Innenwiderstand R_i enthält.

a. Welcher mathematischen Aussage entspricht das Auftreten der idealen Stromquelle an dieser Stelle? (*Hinweis:* Treffen Sie eine Aussage über Ströme durch einzelne Leiter.)

b. Der Quellenstrom soll nun nach und nach verringert werden, bis er den Wert Null erreicht. Wie lässt sich die Schaltung im Grenzfall $I_Q = 0\,\text{A}$ vereinfacht zeichnen?

Mit welchem „Schaltungselement" lässt sich die Quelle in diesem Grenzfall ersetzen?

c. Welcher Effekt der gesamten nicht-idealen Spannungsquelle verbleibt, nachdem die Quellenspannung auf Null gesetzt wurde?

2.3 *Vergleich*

a. Welchen Wert nimmt der Widerstand der gesamten nicht-idealen Quelle jeweils nach dem Nullsetzen der Spannung bzw. des Stroms an?

b. Angenommen, Sie hätten beim Nullsetzen einer Stromquelle versehentlich das Verfahren bei der Spannungsquelle angewendet (oder umgekehrt). Was hätte sich für den Widerstandswert der gesamten nicht-idealen Quelle in diesem Fall ergeben?

3 Ersatzquellen

3.1 Äquivalenz

Schaltung I besteht aus einer idealen Spannungsquelle U_0 und drei Widerständen R_1, R_2 und R_3. Die Schaltung ist jedoch in einem Gehäuse eingebaut (in der Abbildung rechts durch die Umrandung angedeutet), so dass von außen nur die beiden mit „1" und „2" gekennzeichneten Anschlussklemmen zu sehen sind.

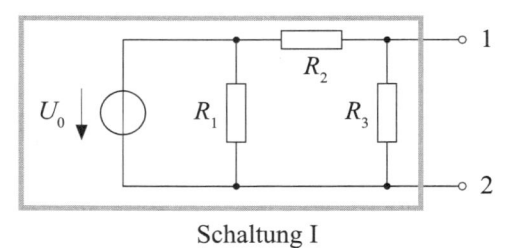

Schaltung I

a. Liegt an den beiden Klemmen bei Leerlauf, also wenn zwischen ihnen kein weiteres Bauteil geschaltet ist, eine Spannung an? Wenn ja, bestimmen Sie diese Spannung in Abhängigkeit von den gegebenen Größen. Wenn nicht, erläutern Sie, warum nicht.

b. Fließt zwischen den beiden Klemmen bei Kurzschluss, also wenn sie durch einen Leiter verbunden werden, ein Strom? Wenn ja, bestimmen Sie diesen Strom. Wenn nicht, erläutern Sie, warum nicht.

c. Mithilfe Ihrer Ergebnisse in Teil a und b lässt sich eine Arbeitsgerade für die Schaltung bezüglich der beiden Klemmen zeichnen. Geben Sie die Achsenabschnitte dieser Geraden an und bestimmen Sie ihre Steigung.

Hat die Steigung die Dimension (bzw. Einheiten) eines Widerstandes oder eines Leitwerts?

Wie müsste man die Widerstände R_1, R_2 und R_3 schalten, damit dieser Widerstand bzw. Leitwert erreicht wird?

d. Schaltung II besteht nur aus einer idealen Spannungsquelle U_E und einem einzelnen Widerstand R_E. Ist es möglich, dass Schaltung II sowohl die gleiche Leerlaufspannung als auch den gleichen Kurzschlussstrom erzeugt wie Schaltung I? Wenn ja, geben Sie an, wie die Größen U_E und R_E gewählt werden müssen, damit diese Bedingung erfüllt ist. Wenn nicht, erläutern Sie, warum nicht.

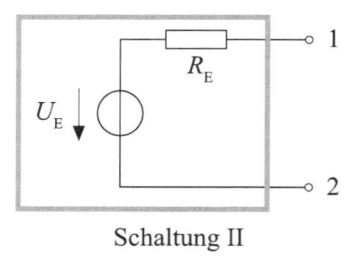

Schaltung II

Das obige Beispiel soll erläutern, dass sich jede aus Quellen und Widerständen zusammengesetzte Schaltung bezüglich eines beliebigen Klemmenpaares durch eine Ersatzschaltung mit entsprechenden Werten von U_E und R_E (wie Schaltung II) ersetzt werden kann. Die beiden Schaltungen sind *äquivalent* in dem Sinn, dass sie bei jeder Last die gleichen Klemmenspannungen und Ströme erzeugen.

ÜBUNG — ERSATZQUELLEN

1. Eine unbekannte Quelle ist in einem Gehäuse eingeschlossen, so dass nur die beiden Klemmen zu sehen sind. Zwei verschiedene, ebenfalls unbekannte Lasten werden nacheinander mit den Klemmen verbunden. Die Messungen von Strom und Spannung ergeben 5 V und 2 A für Last 1 und 0 V und 3 A für Last 2.

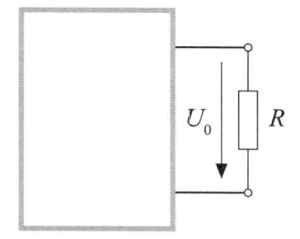

    a. Bestimmen Sie den Innenwiderstand der Quelle.

    b. Skizzieren Sie die Arbeitsgerade für die Quelle.

    c. Stellen Sie die Quelle im Schaltbild als nicht-ideale Spannungsquelle sowie als nicht-ideale Stromquelle dar.

    d. Lassen sich aus den gegebenen Informationen die Widerstandswerte der beiden Lasten, Last 1 und Last 2, bestimmen? Wenn ja, geben Sie diese Werte an. Wenn nein, erläutern Sie, warum dies nicht möglich ist.

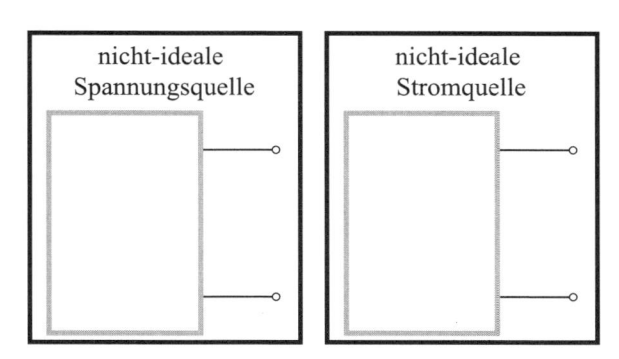

2. Betrachten Sie erneut die nicht-ideale Quelle in Aufgabe 1, einerseits in der Darstellung als Spannungsquelle, andererseits in der als Stromquelle.

    a. Fassen Sie die Quelle als nicht-ideale *Spannungsquelle* auf. Wie müssten Sie den Innenwiderstand ändern, um das Verhalten der Quelle dem einer idealen Quelle anzunähern?

    Wie ändert sich in diesem Fall der Verlauf der Arbeitsgeraden?

    Welche Größe haben Sie hierbei konstant gehalten?

    b. Fassen Sie die Quelle als nicht-ideale *Stromquelle* auf. Wie müssten Sie den Innenwiderstand ändern, um das Verhalten der Quelle dem einer idealen Quelle anzunähern?

    Wie ändert sich in diesem Fall der Verlauf der Arbeitsgeraden?

    Welche Größe haben Sie hierbei konstant gehalten?

    c. Erläutern Sie, warum der Innenwiderstand in einem der Fälle erhöht, im anderen verringert werden muss.

ERSATZQUELLEN – ÜBUNG

3. Die rechts dargestellte Arbeitsgerade beschreibt eine nicht-ideale Quelle, an die verschiedene Lasten angeschlossen werden sollen.

   Der Kurzschlussstrom beträgt 2 A, die Leerlaufspannung 8 V.

   a. Markieren Sie den Punkt auf der Arbeitsgeraden, für den der Lastwiderstand gleich dem Innenwiderstand der Quelle ist, und skizzieren Sie die Kennlinie dieses Lastwiderstandes im Diagramm.

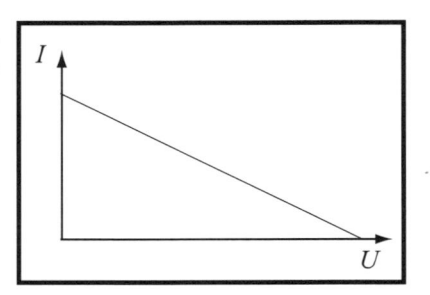

   Der gleiche Lastwiderstand wird nun mit einer weiteren *idealen* Quelle mit Quellenspannung 3 V in Reihe geschaltet. Diese Reihenschaltung wird dann als Last an die ursprüngliche (nicht-ideale) Quelle angeschlossen.

   b. Bestimmen Sie mithilfe der Maschenregel die beiden Arbeitspunkte, die je nach Polung der zusätzlichen Quelle resultieren.

   c. Skizzieren Sie die „Kennlinien" der beiden Lasten, die je nach Polung aus der Quelle und dem Widerstand gebildet werden. (*Hinweis:* Welche Steigung besitzen die beiden Geraden?)

   d. Stellen Sie jeweils eine Gleichung auf, welche die Spannung an und den Strom durch die gesamte Last miteinander verknüpft. Formen Sie diese so um, dass sich eine Gleichung für die Kennlinie (d. h. für den Laststrom in Abhängigkeit von der Klemmenspannung) ergibt.

   Vergleichen Sie Ihr Ergebnis mit den von Ihnen skizzierten Kennlinien.

In der Entwicklung unseres qualitativen Modells hatten wir vorausgesetzt, dass die Helligkeit *identischer* Glühlampen ein Maß für den durch sie fließenden Strom ist. Später hatten wir dann festgestellt, dass dies in gleicher Weise für die an ihnen anliegende Spannung gilt. Im vorliegenden Tutorial soll eine Größe eingeführt werden, welche den Vergleich der Helligkeiten *verschiedenartiger* Lampen ermöglicht. Außerdem soll genauer untersucht werden, welche Bedingungen beim Übertragen von Energie in Gleichstromnetzwerken gelten.

1 Helligkeit verschiedenartiger Glühlampen

1.1 *Reihenschaltung*

Schalten Sie zwei *unterschiedliche* Glühlampen in Reihe und verbinden Sie sie mit einer Batterie.

   a. Leuchten die beiden Lampen gleich hell? Wenn nicht, notieren Sie, welche heller leuchtet als die andere.

   b. Ist der Strom durch die beiden Lampen *gleich* oder *unterschiedlich?* Begründen Sie.

   Ist Ihre Antwort mit dem Modell vereinbar, das Sie in früheren Tutorien erarbeitet haben? Begründen Sie.

   c. Folgern Sie aus Ihrer Beobachtung: Bestimmt der Strom durch eine Glühlampe eindeutig ihre Helligkeit?

   d. Messen Sie mithilfe eines Voltmeters die Spannungen an den beiden Lampen. Sind die beiden Spannungen gleich?

   e. Vergleichen Sie die Widerstände der beiden Lampen in der vorliegenden Schaltung. Begründen Sie.

1.2 *Parallelschaltung*

Schalten Sie die beiden Glühlampen parallel und verbinden Sie sie mit der gleichen Batterie wie zuvor.

   a. Leuchten die beiden Lampen diesmal gleich hell? Wenn nicht, ist die Lampe, die in dieser Schaltung heller leuchtet, die gleiche wie diejenige, die in der Reihenschaltung heller leuchtet?

   b. Ist die Spannung an den beiden Lampen *gleich* oder *unterschiedlich?* Begründen Sie.

   Falls Sie die Spannungen nachmessen möchten, können die Messungen von dem erwarteten Ergebnis aufgrund des Modells leicht abweichen. Erläutern Sie, warum dies der Fall sein kann.

   c. Folgern Sie aus Ihrer Beobachtung: Bestimmt die Spannung an einer Glühlampe eindeutig ihre Helligkeit?

d. Messen Sie mithilfe eines Ampèremeters die Ströme durch die beiden Lampen. Sind die beiden Ströme gleich? (*Hinweis:* Beachten Sie die korrekte Schaltung des Ampèremeters.)

e. Vergleichen Sie die Widerstände der beiden Lampen in der vorliegenden Schaltung. Begründen Sie.

1.3 *Schlussfolgerungen*

Beantworten Sie die folgenden Fragen aufgrund Ihrer Beobachtungen.

a. Leuchtete in beiden Schaltungen jeweils die Lampe mit dem größeren Widerstand heller oder dunkler?

Bestimmt der relative Widerstand zweier Lampen in der gleichen Schaltung auch deren relative Helligkeit?

b. Sind Ihre Beobachtungen mit der Annahme vereinbar, dass die Helligkeit einer Lampe von dem Produkt aus Strom und Spannung $I \cdot U$ abhängt? Begründen Sie.

2 Leistungsübertragung

2.1 *Ideale Quellen*

a. Eine Last wird mit einer *idealen Spannungsquelle* verbunden und die an der Last abgegebene Leistung wird bestimmt. Diese Leistung soll nun erhöht werden. Ist es dazu nötig, die Last durch eine andere mit *größerem* oder mit *geringerem* Widerstand zu ersetzen? Begründen Sie Ihre Antwort.

b. Eine Last wird mit einer *idealen Stromquelle* verbunden und die an der Last abgegebene Leistung wird bestimmt. Diese Leistung soll nun erhöht werden. Ist es dazu nötig, die Last durch eine andere mit *größerem* oder mit *geringerem* Widerstand zu ersetzen? Begründen Sie Ihre Antwort.

2.2 *Nicht-ideale Quellen*

Betrachten Sie nun eine Schaltung aus einer nicht-idealen Quelle mit Quellenspannung U_0 und Innenwiderstand R_i und einem Lastwiderstand R_{Last}. Nehmen Sie an, dass $R_i < R_{Last}$ gilt.

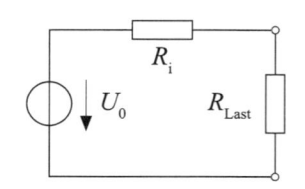

a. Ist die Leistung P_{Last}, die in der Last umgesetzt wird, *größer*, *kleiner* oder *gleich* der Leistung P_i, die am Innenwiderstand umgesetzt wird? Begründen Sie.

Nach dem Gesetz der Energieerhaltung muss die Summe der an den beiden Widerständen umgesetzten Leistungen gleich der durch die Quellenspannung zugeführten Leistung sein. Wie lässt sich dieser Zusammenhang anhand der Regeln für Gleichstromkreise bestätigen?

b. Skizzieren Sie eine Arbeitsgerade für die betrachtete Schaltung, d. h. stellen Sie den Laststrom I als Funktion der Klemmenspannung U bei gegebenen Werten von U_0 und R_i und veränderlichem R_Last grafisch dar.
Bestimmen und kennzeichnen Sie die Achsenabschnitte der Arbeitsgeraden.

c. Wie lässt sich in einem I,U-Diagramm die an der Last umgesetzte Leistung grafisch darstellen?

Welche Gestalt haben Kurven in diesem Diagramm, die Punkte konstanter Leistung (an der Last) mit einander verbinden? (*Hinweis:* Betrachten Sie den mathematischen Ausdruck für die Leistung.)

Tragen Sie mehrere solcher Kurven in das obige Diagramm ein.

d. Betrachten Sie nun wieder die vorgegebene Quelle (mit festen Werten von U_0 und R_i und damit unveränderlicher Arbeitsgeraden). Wie viele verschiedene Werte für den Lastwiderstand R_Last können die gleiche an die Last abgegebene Leistung zur Folge haben?

2.3 *Leistungsanpassung*

Durch eine kurze Rechnung lässt sich zeigen, dass die an der Last umgesetzte Leistung bei vorgegebener Quelle den größtmöglichen Wert erreicht, wenn der Lastwiderstand den gleichen Wert hat wie der Innenwiderstand der Quelle. Man bezeichnet diese Wahl der Last auch als *Widerstandsanpassung* oder *Leistungsanpassung*.

a. Welche Werte ergeben sich bei Leistungsanpassung für U und I an der Last?

b. Markieren Sie den entsprechenden Punkt auf der Arbeitsgeraden oben und erläutern Sie (ohne Beweis), warum dieser der maximalen Leistung entspricht.

2.4 *Wirkungsgrad*

Ein weiterer wichtiger Aspekt elektrischer Systeme ist der Anteil an der von der Quelle zugeführten Leistung, der in der *Last* umgesetzt (also nutzbar gemacht) wird. Ähnlich der Verwendung dieses Begriffs in der Thermodynamik spricht man auch hier vom *Wirkungsgrad* des betrachteten Systems, also in diesem Fall der Quelle, der Leitungen und der Last.

a. Geben Sie einen Ausdruck für die gesamte von der Quelle zugeführte Leistung an und stellen Sie diese Größe im obigen I,U-Diagramm dar.

b. Welchen Wirkungsgrad besitzt das System bei Leistungsanpassung (wie in Abschnitt 2.3)? Begründen Sie Ihre Antwort durch Vergleich der relevanten Ströme und Spannungen und mithilfe des Diagramms.

c. Wie müsste bei gegebener Quelle der Lastwiderstand verändert werden, um einen größeren Wirkungsgrad zu erhalten? Begründen Sie.

Verändert sich dadurch die an der Last umgesetzte Leistung? Wenn ja, wie?

3 Minimierung von Leitungsverlusten

Eine bestimmte Leistung soll einer Last (z. B. einem Motor oder einer Kühleinrichtung) zugeführt werden. Dies kann im Prinzip durch verschiedene Wertekombinationen von Spannung und Strom erreicht werden. In diesem Abschnitt soll untersucht werden, welchen Einfluss die Wahl der Werte von Spannung und Strom auf die Verluste in den elektrischen Leitungen hat.

Das Schaltbild rechts zeigt ein einfaches Schema eines elektrischen Systems, bestehend aus einer idealen Spannungsquelle, einer Leitung mit Widerstand und einem „Verbraucher" R_{Last}. Der Innenwiderstand der Quelle ist im Leitungswiderstand berücksichtigt. In der hier betrachteten Situation sind sowohl der Leitungswiderstand $R_{\text{Leitung}} = 20\,\Omega$ als auch die Verbraucherleistung $P_{\text{Last}} = 800\,\text{W}$ vorgegeben. Alle anderen Größen, einschließlich der Quellenspannung U_0, sollen aus den nachfolgend beschriebenen Anforderungen bestimmt werden.

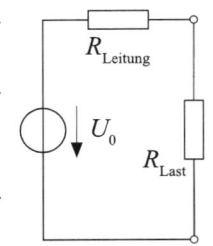

3.1 Vorgabe eines Lastwiderstands

Der Wert des Lastwiderstandes soll $R_{\text{Last}} = 50\,\Omega$ betragen.

a. Berechnen Sie die Spannungen U (an der Last) und U_0.

b. Berechnen Sie die in der Leitung umgesetzte (also „verlorene") Leistung.

3.2 Vorgabe eines maximalen Leitungsverlustes

Der Lastwiderstand soll nun so gewählt werden, dass die in der Leitung umgesetzte Leistung (mit den obigen Werten für R_{Leitung} und P_{Last}) höchstens 10 % der Verbraucherleistung beträgt.

a. Berechnen Sie die Quellenspannung und den Lastwiderstand, die zu einem Leitungsverlust von genau 80 W führen würden.

b. Vergleichen Sie Ihr Ergebnis mit den Werten aus Abschnitt 3.1. Ist der Wert, den Sie für U_0 berechnet haben, ein minimaler oder ein maximaler Wert, wenn die Leitungsverluste *höchstens* 80 W betragen sollen?

c. Verallgemeinern Sie Ihr Ergebnis: Ist es besser, hohe Spannungen und geringe Ströme oder geringe Spannungen und große Ströme zu verwenden, um die Leitungsverluste möglichst gering zu halten?

d. Erläutern Sie, inwiefern Ihre Antwort mit *beiden* möglichen Ausdrücken für die in einem Widerstand R umgesetzte Leistung vereinbar ist: sowohl als Funktion von U und R als auch als Funktion von I und R.

ÜBUNG: LEISTUNG

1. Die dargestellte Schaltung enthält zwei ideale Spannungsquellen ($U_A = U_B = 3\,\text{V}$) und zwei Widerstände ($R_1 = R_2 = 20\,\Omega$).

    a. Bestimmen Sie die Spannungen an den beiden Widerständen. (*Hinweis:* Ordnen Sie einem beliebigen Knoten das Potential $\Phi = 0\,\text{V}$ zu und bestimmen Sie damit die Potentiale der anderen Knoten.)

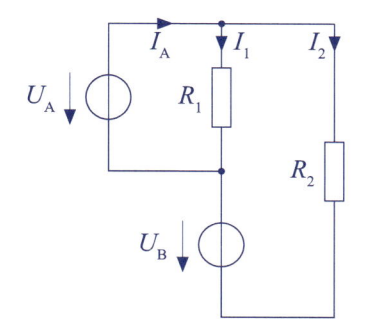

    Bestimmen Sie die Ströme durch die beiden Widerstände.

    b. Bewegen sich die positiven Ladungen in den beiden Widerständen vom höheren zum niedrigeren oder vom niedrigeren zum höheren Potential? Begründen Sie.

    Wird der Schaltung an den Widerständen Energie *zugeführt* oder *entnommen*? Erläutern Sie, wie dies mit der Antwort auf die vorige Frage vereinbar ist.

    c. Berechnen Sie die an den beiden Widerständen umgesetzten elektrischen Leistungen.

    d. Bewegen sich die positiven Ladungen in den beiden *Quellen* vom höheren zum niedrigeren oder vom niedrigeren zum höheren Potential? Begründen Sie.

    Wird der Schaltung an der Quelle elektrische Energie *zugeführt* (bzw. gespeicherte chemische Energie in elektrische umgewandelt) oder verhält es sich gerade umgekehrt? Erläutern Sie, wie dies mit der Antwort auf die vorige Frage vereinbar ist.

    e. Berechnen Sie die an den beiden Quellen zugeführten Leistungen.

    f. Ist die gesamte zugeführte Leistung gleich der in den Widerständen umgesetzten Leistungen?

    g. Lässt sich die Leistung an einem der beiden Widerstände genau einer der beiden Quellen zuordnen?

2. Die dargestellte Schaltung enthält zwei ideale Spannungsquellen ($U_A = 6$ V und $U_B = 3$ V) und zwei Widerstände ($R_1 = R_2 = 20\,\Omega$). Beachten Sie die im Vergleich zu Aufgabe 1 geänderte Polung von U_B sowie den veränderten Wert von U_A.

   a. Bestimmen Sie die Ströme und Spannungen für die beiden Widerstände.

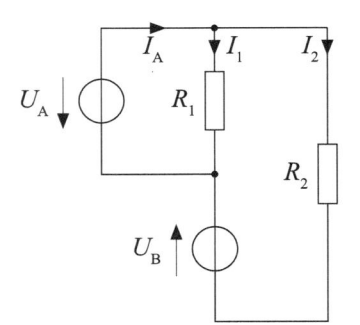

   b. Berechnen Sie die an den beiden Widerständen umgesetzten Leistungen.

   c. Bewegen sich die positiven Ladungen in Quelle B vom höheren zum niedrigeren oder vom niedrigeren zum höheren Potential? Begründen Sie.

   Wird der Schaltung an Quelle B *elektrische* Energie *zugeführt* und die gespeicherte *chemische* Energie *verringert* oder verhält es sich gerade umgekehrt? Erläutern Sie, wie dies mit der Antwort auf die vorige Frage vereinbar ist.

   d. Berechnen Sie die von den beiden Quellen zugeführten Leistungen.
   (*Hinweis:* Beachten Sie die Richtung des Stroms durch die beiden Quellen.)

   e. Ist die gesamte zugeführte Leistung gleich der in den Widerständen umgesetzten Leistungen?

   f. Wie ist der Wert für die Leistung von Quelle B zu interpretieren, d. h. was „passiert" mit Batterie B?

TEIL III

Grundlagen der Wechselstromtechnik

Schaltungselemente R, L und C im Zeitbereich 85
Tutorial 85
Übung 89

Zeigerformalismus und komplexwertige Signale 91
Tutorial 91
Übung 95

Phasenbeziehungen 97
Tutorial 97
Übung 101

Zeiger und Effektivwerte 103
Tutorial 103
Übung 107

Impedanz und Admittanz 109
Tutorial 109
Übung 113

Ortskurven 115
Tutorial 115
Übung 119

Leistung in Wechselstromnetzwerken 121
Tutorial 121
Übung 125

TUTORIAL: SCHALTUNGSELEMENTE R L UND C IM ZEITBEREICH

1 Zeitabhängige Ströme in ohmschen, induktiven und kapazitiven Bauteilen

1.1 Widerstände

Das nachfolgende Diagramm zeigt den Strom $i_R(t)$ durch einen gegebenen Widerstand R als Funktion der Zeit. Es sind keine Einheiten angegeben.

a. Geben Sie einen allgemeinen Zusammenhang zwischen der Spannung $u_R(t)$ und dem Strom $i_R(t)$ an.

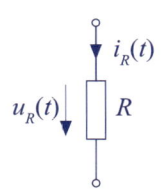

b. Kennzeichnen Sie alle Zeitpunkte im Diagramm, für welche die Spannung $u_R(t)$ Null beträgt.

c. Kennzeichnen Sie alle Zeitpunkte im Diagramm, für welche die Spannung $u_R(t)$ ein Maximum oder Minimum annimmt.

d. Zeichnen Sie in das Diagramm einen qualitativ richtigen Graphen für die Spannung $u_R(t)$ als Funktion der Zeit ein.

e. Welche weiteren Informationen wären nötig, um den Graphen für $u_R(t)$ eindeutig angeben zu können?

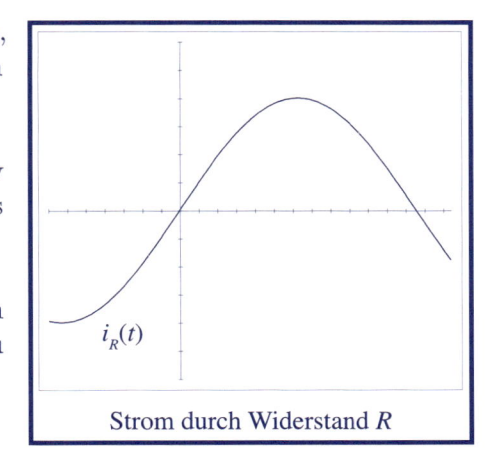

Strom durch Widerstand R

1.2 Induktivitäten

Das nachfolgende Diagramm zeigt den Strom $i_L(t)$ durch eine gegebene Induktivität L als Funktion der Zeit. Es sind keine Einheiten angegeben.

a. Geben Sie einen allgemeinen Zusammenhang zwischen der Spannung $u_L(t)$ und dem Strom $i_L(t)$ an. Vergewissern Sie sich, dass alle Vorzeichen mit den gewählten Zählpfeilen übereinstimmen.

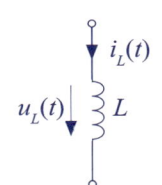

b. Treten im dargestellten Intervall Zeitpunkte auf, für welche die Spannung $u_L(t)$ Null beträgt? Wenn ja, kennzeichnen Sie diese.

c. Kennzeichnen Sie alle Zeitpunkte im Diagramm, für welche die Spannung $u_L(t)$ ein *Maximum* oder *Minimum* annimmt. (*Hinweis:* Zu welchen Zeiten ist die Änderung des Stroms pro Zeiteinheit am größten?)

d. Zeichnen Sie in das Diagramm einen qualitativ richtigen Graphen für die Spannung $u_L(t)$ als Funktion der Zeit ein.

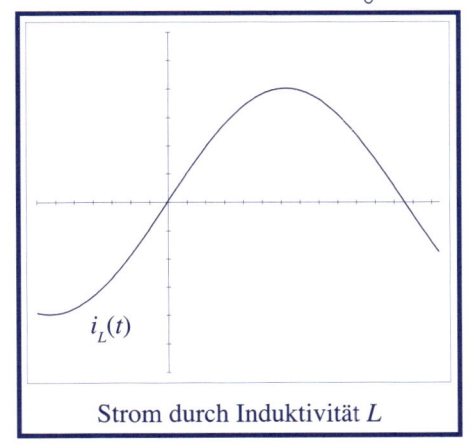

Strom durch Induktivität L

e. Vergleichen Sie die Graphen für die Spannung und den Strom als Funktion der Zeit. Trifft es zu, dass bei den gegebenen (sinusförmigen) Signalen die eine Größe der anderen vorauseilt? Wenn ja, welche eilt welcher voraus (wenn dabei die kleinste mögliche Verschiebung betrachtet wird)?

Tutorien zur Elektrotechnik
Christian H. Kautz

1.3 Kapazitäten

Das nachfolgende Diagramm zeigt den Strom $i_L(t)$ durch eine gegebene Kapazität C als Funktion der Zeit. Es sind keine Einheiten angegeben.

a. Geben Sie einen allgemeinen Zusammenhang zwischen dem Strom $i_C(t)$ und der Spannung $u_C(t)$ an.

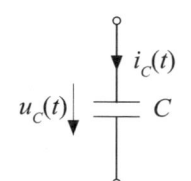

b. Welchen Wert hat der Strom $i_C(t)$ zu den Zeitpunkten, bei denen die Spannung $u_C(t)$ ein Maximum oder ein Minimum annimmt? Kennzeichnen Sie diese Zeitpunkte im Diagramm.

c. Geben Sie für die in Teil b markierten Zeitpunkte an, ob es sich um ein Maximum oder ein Minimum im Spannungsverlauf $u_C(t)$ handelt. (*Hinweis:* Betrachten Sie z. B. das Vorzeichen des Stroms *kurz vor* und *kurz nach* dem jeweiligen Zeitpunkt.)

d. Betrachten Sie nun die Zeitpunkte, zu denen der *Strom* ein Maximum oder ein Minimum annimmt. Was lässt sich für diese Punkte jeweils über die Steigung des Graphen von $u_C(t)$ sagen?

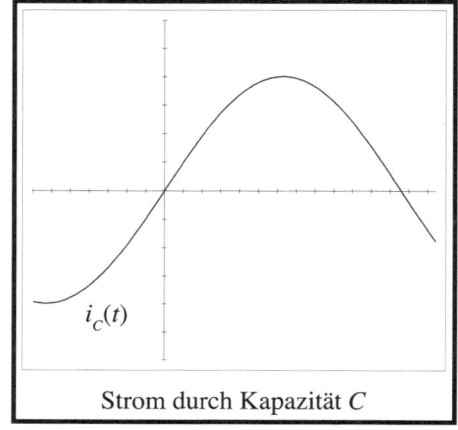

Strom durch Kapazität C

e. Zeichnen Sie in das Diagramm einen qualitativ richtigen Graphen für die Spannung $u_C(t)$ als Funktion der Zeit ein. (Nehmen Sie hierfür an, dass die positiven und negativen Extremwerte der Spannung den gleichen Betrag haben. Dies ist gleichbedeutend mit der Annahme, dass die *Ladung* des Kondensators zu den in Teil d betrachteten Zeiten *gleich Null* ist.)

f. Vergleichen Sie die Graphen für die Spannung und den Strom als Funktion der Zeit. Trifft es zu, dass bei den gegebenen (sinusförmigen) Signalen die eine Größe der anderen vorauseilt? Wenn ja, welche eilt welcher voraus (wenn dabei die kleinste mögliche Verschiebung betrachtet wird)?

1.4 Impedanz

Beantworten Sie die folgenden Fragen auf der Grundlage der Graphen für die Spannungen und Ströme in den Teilen 1.1 bis 1.3.

a. Hängt bei zeitlich veränderlichen Strömen in einem ohmschen Widerstand (einem so genannten *resistiven* Bauelement) der Quotient $u_R(t)/i_R(t)$ ebenfalls von der Zeit ab oder ist er zeitunabhängig? Wie hängt dieser Wert mit dem *Gleichstromwiderstand* R zusammen?

b. Hängen die entsprechenden Quotienten bei Induktivitäten und Kapazitäten, $u_L(t)/i_L(t)$ bzw. $u_C(t)/i_C(t)$, von der Zeit ab oder sind sie zeitunabhängig?

c. Begründen Sie, warum sich für solche (so genannte *reaktive*) Bauelemente kein (Gleichstrom-) Widerstandswert im üblichen Sinne definieren lässt.

> Für sinusförmige Ströme in reaktiven (wie auch resistiven) Elementen ist es jedoch möglich, die Quotienten u_{max}/i_{max} oder u_{eff}/i_{eff} für die Definition einer ähnlichen Größe zu verwenden. Diese Größe wird *Impedanz* (oder gelegentlich *Wechselstromwiderstand*) Z des entsprechenden Bauteils genannt. Im folgenden Abschnitt soll untersucht werden, ob und in welcher Weise diese Größe für die einzelnen Bauteil-Typen R, L und C von der Frequenz des sinusförmigen Stromes abhängt.

2 Sinusförmige Signale verschiedener Frequenzen

2.1 *Widerstände*

Das nebenstehende Diagramm zeigt die Graphen zweier sinusförmiger Ströme $i_1(t)$ und $i_2(t)$ durch *identische* Widerstände in Abhängigkeit von der Zeit. Die beiden Ströme haben unterschiedliche Frequenzen, aber gleiche Amplituden.

a. Welcher der beiden Ströme hat die größere Frequenz?

b. Vergleichen Sie die maximalen *Spannungen* an den beiden Widerständen.

c. Hängt die Impedanz ($Z = u_{eff}/i_{eff}$) eines Widerstandes bei sinusförmigen Strömen von der Frequenz ab? Begründen Sie.

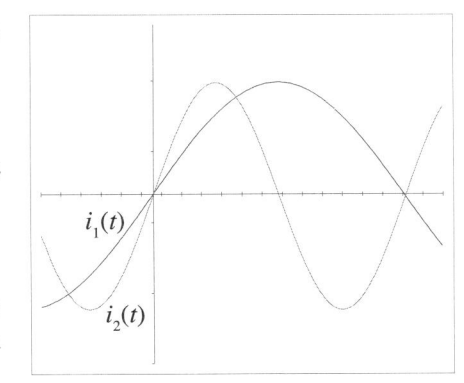

Ströme durch zwei gleiche Widerstände

2.2 *Induktivitäten*

Das nebenstehende Diagramm zeigt die Graphen zweier sinusförmiger Ströme $i_1(t)$ und $i_2(t)$ durch *identische* Induktivitäten in Abhängigkeit von der Zeit. Die beiden Ströme haben unterschiedliche Frequenzen, aber gleiche Amplituden.

a. Vergleichen Sie die maximalen *Spannungen* an den beiden Induktivitäten mithilfe des Zusammenhangs zwischen $u_L(t)$ und $i_L(t)$. Begründen Sie.

b. Hängt die Impedanz einer Induktivität bei sinusförmigen Strömen von der Frequenz ab? Wenn ja, nimmt sie mit zunehmender Frequenz *zu* oder *ab*? Begründen Sie.

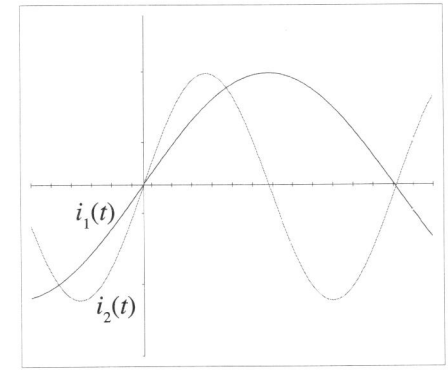

Ströme durch zwei gleiche Induktivitäten

c. Gegen welchen Grenzwert würde die Amplitude der Spannung streben, wenn die Kreisfrequenz $\omega = 2\pi f$ des Stroms (bei gleicher Amplitude) wie folgt verändert würde?

- $\omega \to 0$

- $\omega \to \infty$

d. Sind Ihre Antworten mit dem mathematischen Ausdruck für die Impedanz einer Induktivität L vereinbar?

2.3 *Kapazitäten*

Das nebenstehende Diagramm zeigt die Graphen zweier sinusförmiger Ströme $i_1(t)$ und $i_2(t)$ durch *identische* Kapazitäten in Abhängigkeit von der Zeit. Die beiden Ströme haben unterschiedliche Frequenzen, aber gleiche Amplituden.

a. Betrachten Sie für jedes der beiden Signale die Halbperiode, für welche der Strom positiv ist, also positive Ladung auf der im Schaltbild (in Teil 1.3) oben liegenden Kondensatorplatte angehäuft wird.

Vergleichen Sie die Ladungsmengen, die in den beiden Fällen zu dieser Kondensatorplatte transportiert werden. (*Hinweis:* Welchem Aspekt des Graphen von $i(t)$ entspricht diese Ladungsmenge?)

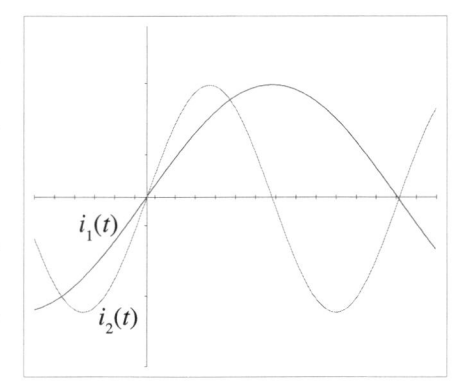

Ströme durch zwei gleiche Kapazitäten

b. Vergleichen Sie mithilfe der Definition der Kapazität ($C = Q/U$) die Amplituden der Spannungen an den beiden Kapazitäten.

c. Hängt die Impedanz einer Kapazität bei sinusförmigen Strömen von der Frequenz ab? Wenn ja, nimmt sie mit zunehmender Frequenz zu oder ab? Begründen Sie.

d. Gegen welchen Grenzwert würde die Amplitude der Spannung streben, wenn die Kreisfrequenz des Stroms (bei gleicher Amplitude) wie folgt verändert würde?

- $\omega \to 0$

- $\omega \to \infty$

e. Angenommen, die Kapazität C würde (bei konstanter Frequenz) verdoppelt. Wie würde sich die Amplitude der Spannung ändern? Begründen Sie.

f. Sind Ihre Antworten mit dem mathematischen Ausdruck für die Impedanz einer Kapazität C vereinbar?

ÜBUNG — SCHALTUNGSELEMENTE R, L UND C IM ZEITBEREICH

1. Eine Kapazität C ist zu einem ohmschen Widerstand R parallel geschaltet.

    a. Wie muss bei festen Werten von R und C die Frequenz ω gewählt werden, so dass die Kapazität in der Schaltung keine nennenswerte Rolle spielt, d. h. die gesamte Parallelschaltung sich näherungsweise wie ein Widerstand R verhält? Begründen Sie.

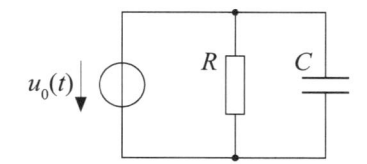

    b. Wie muss bei festen Werten von R und ω die Kapazität C gewählt werden, so dass die gesamte Parallelschaltung sich näherungsweise wie ein Widerstand R verhält?

2. Eine Kapazität C ist mit einem ohmschen Widerstand R in Reihe geschaltet.

    a. Wie muss bei festen Werten von R und C die Frequenz ω gewählt werden, so dass die Kapazität in der Schaltung keine nennenswerte Rolle spielt, d. h. die gesamte Reihenschaltung sich näherungsweise wie ein Widerstand R verhält? Begründen Sie.

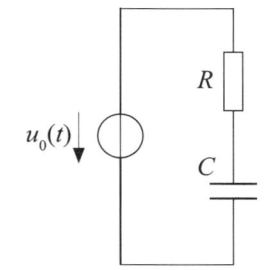

    b. Wie muss bei festen Werten von R und ω die Kapazität C gewählt werden, so dass die gesamte Reihenschaltung sich näherungsweise wie ein Widerstand R verhält?

3. Wiederholen Sie die beiden vorangehenden Aufgaben mit einer Induktivität anstelle der Kapazität.

    - Parallelschaltung von Induktivität und Widerstand

    - Reihenschaltung von Induktivität und Widerstand

4. Bestimmen Sie die Phasenverschiebung des Gesamtstroms $i(t)$ relativ zur Quellenspannung $u_0(t)$ in den beiden Grenzfällen:

   - $\omega \to 0$

   - $\omega \to \infty$

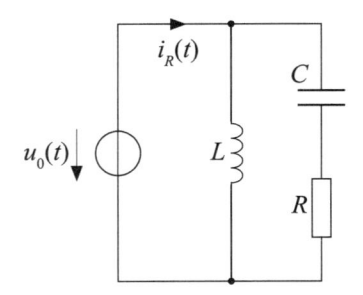

1 Ströme im Zeitbereich

1.1 RC-Parallelschaltung

Die Schaltung rechts besteht aus einer idealen Wechselspannungsquelle, einem Widerstand R und einer Kapazität C. Die Ströme durch die beiden Schaltungselemente haben folgende Zeitabhängigkeit:

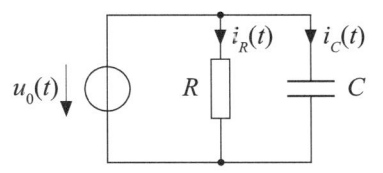

$$i_R(t) = 20\sqrt{2}\,\text{mA} \cdot \cos\left((100\,\pi\,\text{s}^{-1}) \cdot t - \pi/6\right)$$

$$i_C(t) = 20\sqrt{2}\,\text{mA} \cdot \cos\left((100\,\pi\,\text{s}^{-1}) \cdot t + \pi/3\right)$$

a. Das nachfolgende Diagramm zeigt die Zeitabhängigkeit der beiden Ströme. Überprüfen Sie, ob die Graphen mit den obigen Ausdrücken vereinbar sind, und ordnen Sie jedem Graphen den richtigen Ausdruck zu.

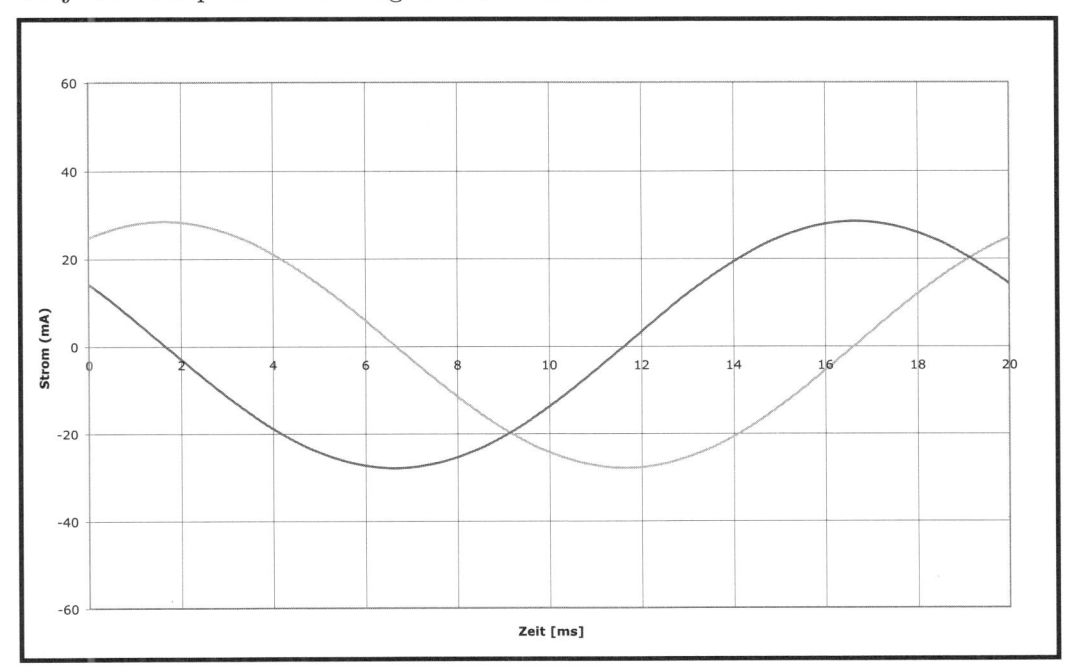

b. Geben Sie einen mathematischen Zusammenhang zwischen dem Strom $i_0(t)$ in der Quelle und den Strömen $i_R(t)$ und $i_C(t)$ an.

c. Bestimmen Sie grafisch mithilfe des obigen Diagramms den Strom $i_0(t)$ zu verschiedenen Zeiten im dargestellten Intervall. Verwenden Sie genügend Punkte, um $i_0(t)$ skizzieren zu können.

Bestimmen Sie anhand des Graphen Amplitude und Phase von $i_0(t)$.

d. Geben Sie einen mathematischen Ausdruck für $i_0(t)$ an. (*Hinweis:* Verwenden Sie zur Vereinfachung: $\cos\alpha + \cos\beta = 2 \cdot \cos\left(\frac{\alpha+\beta}{2}\right) \cdot \cos\left(\frac{\alpha-\beta}{2}\right)$.)

$$i_0(t) =$$

Beachten Sie, dass der gegebene Zusammenhang nur bei gleichen Amplituden angewendet werden kann.

e. Überprüfen Sie, ob der mathematische Ausdruck, den Sie gefunden haben, und Ihre obige Skizze für $i_0(t)$ miteinander vereinbar sind.

f. Würden sich die folgenden Eigenschaften *des Stromes in der Quelle* ändern oder gleich bleiben, wenn der Strom *in einem der Zweige* durch Variieren von R oder C geändert würde?

- *sinusförmige* Zeitabhängigkeit

- Frequenz

- Amplitude

- Phase

Diskutieren Sie Ihre Antworten mit einem Tutor, bevor Sie die Arbeit fortsetzen.

Bei einer gegebenen Quellenspannung $u_0(t)$ mit der Kreisfrequenz ω führt jede lineare Last, die aus Widerständen, Induktivitäten und Kapazitäten zusammengesetzt ist, zu sinusförmigen Strömen derselben Frequenz. Für unterschiedlich aufgebaute Lasten ergeben sich jedoch für die auftretenden Ströme und Spannungen verschiedene Werte von Amplitude und Phase.

Wir können deshalb eine Notation einführen, in der für jedes Signal nur seine Amplitude und seine Phase dargestellt werden, wobei die sinusförmige Zeitabhängigkeit mit der Kreisfrequenz ω immer impliziert ist. Dies lässt sich durch die Verwendung komplexer Größen erreichen, die wiederum durch zweidimensionale Vektoren grafisch dargestellt werden können. Letztere werden üblicherweise als *Zeiger* bezeichnet, wobei dieser Begriff zuweilen auch für die komplexen Größen selbst verwendet wird. Der Betrag der komplexen Größe kann je nach Konvention dem Effektivwert oder der Amplitude (d. h. dem Spitzenwert) des sinusförmigen Signals entsprechen.

---

2 Geometrische Darstellung von sinusförmigen Signalen

Die nebenstehende Abbildung zeigt einen Vektor, der den Strom $i_R(t)$ in der oben betrachteten Schaltung darstellt. Um zu verdeutlichen, dass dieser Zeiger als komplexe Größe verstanden werden kann, ist er mit dem Symbol $\underline{I}_R$ bezeichnet, also mit einem Unterstrich versehen.

2.1 Betrag und Phase

a. Stellt der Betrag des Vektors mit der gegebenen Achsenskalierung hier den *Effektivwert* oder die *Amplitude* des Stroms dar?

b. Wie wird die Phase von $i_R(t)$ grafisch dargestellt? Geben Sie hierbei an, welche Achse als Bezugsrichtung verwendet wird und welcher Drehsinn positiven Winkeln entspricht.

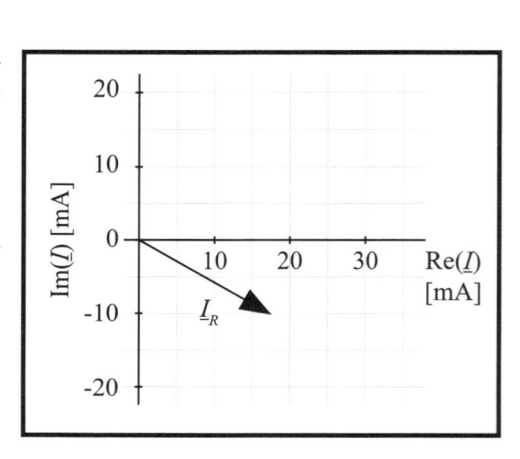

c. Wenden Sie die gleichen Regeln an, um im obigen Diagramm einen Zeiger einzuzeichnen, der den Strom $i_C(t)$ darstellt. Kennzeichnen Sie ihn mit $\underline{I}_C$.

2.2 Strom- und Spannungszeiger

a. Bestimmen Sie im obigen Diagramm grafisch die Zeigersumme $\underline{I}_0 = \underline{I}_R + \underline{I}_C$. Betrachten Sie dann erneut den Ausdruck für $i_0(t)$, den Sie in Teil 1.1.d oben gefunden haben:

- Gibt der Zeiger, den Sie gezeichnet haben, den *Effektivwert* des Stroms $i_0(t)$ durch die Quelle richtig wieder?

- Gibt der Zeiger, den Sie gezeichnet haben, die *Phase* des Stroms $i_0(t)$ durch die Quelle richtig wieder?

b. Tragen Sie im obigen Diagramm mithilfe eines Pfeils die *Richtung* des Zeigers $\underline{U}_0$ ein, der die Quellenspannung $u_0(t) = 8\sqrt{2}\,\text{V} \cdot \cos\left((100 \cdot \pi s^{-1}) \cdot t - \pi/6\right)$ darstellt. Verwenden Sie dazu eine andere Farbe als für die Stromzeiger.

Welcher der Ströme, die Sie bereits betrachtet haben, ist mit $u_0(t)$ in Phase? Ist Ihre Antwort mit Ihren Ergebnissen im Tutorial *Schaltungselemente R, L und C im Zeitbereich* vereinbar?

Warum lässt sich in das obige Diagramm nur die Richtung des Zeigers $\underline{U}_0$, nicht jedoch der Vektor selbst einzeichnen? Wie müssen Sie das Diagramm ändern, um Strom- und Spannungszeiger im gleichen Bild einzeichnen zu können?

3 Komplexe Darstellung von sinusförmigen Signalen

In Abschnitt 2 haben Sie begonnen, verschiedene sinusförmige Signale gleicher Frequenz mithilfe von Zeigern grafisch darzustellen, die deren Effektivwert und Phase wiedergeben. Diese Zeiger wiederum können als komplexe Zahlen aufgefasst werden, wodurch sich das Rechnen mit den auftretenden Sinus- und Kosinusfunktionen erheblich vereinfacht.

Der Übergang zwischen den zeitabhängigen Signalen (im so genannten *Zeitbereich*) und den komplexwertigen Signalen (im *Frequenzbereich*) wird durch die folgende Gleichung beschrieben:

$$a(t) = \sqrt{2} \cdot \text{Re}\left\{\underline{A} \exp(j\omega t)\right\},$$

wobei $a(t)$ ein beliebiges sinusförmiges Signal (Strom oder Spannung) und $\underline{A}$ den dazu gehörenden Zeiger bezeichnet.

3.1 Komplexe Zahlen zur Darstellung von sinusförmigen Strömen

a. Geben Sie anhand des obigen Diagramms $\underline{I}_0$ näherungsweise in Polarkoordinaten an.

$\underline{I}_0 =$

Überprüfen Sie, ob dieser Wert den Strom $i_0(t)$ im Zeitbereich richtig wiedergibt.

b. Begründen Sie, warum in der Definition der Zeigergrößen auf der vorigen Seite der Faktor $\sqrt{2}$ auftritt.

c. Geben Sie analog zu $\underline{I}_0$ den Spannungszeiger $\underline{U}_0$ in Polarkoordinaten an.

$\underline{U}_0 =$

3.2 Komplexwertige Impedanzen

Die Darstellung sinusförmiger Signale gegebener Frequenz durch komplexe Zahlen ermöglicht es, eine komplexwertige Impedanz $\underline{Z} = \underline{U}/\underline{I}$ einzuführen.

a. Geben Sie auf der Grundlage dieser Definition eine Gleichung an, welche die *Beträge* der drei komplexen Größen $\underline{I}$, $\underline{U}$ und $\underline{Z}$ in Beziehung setzt.

b. Geben Sie auf der Grundlage dieser Definition eine Gleichung an, welche die *Argumente* (oder *Phasen*) der drei komplexen Größen $\underline{I}$, $\underline{U}$ und $\underline{Z}$ in Beziehung setzt.

c. Berechnen Sie mithilfe des Ausdrucks für die komplexe Impedanz $\underline{Z}_C$ einer Kapazität mit dem Wert $C = (40 \cdot \pi)^{-1}$ mF und der in Teil 1.1 implizit gegebenen Kreisfrequenz die Spannung $\underline{U}_C$ an der Kapazität.

Ist der Ausdruck, den Sie für $\underline{U}_C$ gefunden haben, mit Ihrer Skizze in Teil 2.2.b vereinbar, d. h. gibt er die Richtung des von Ihnen eingezeichneten Pfeils richtig wieder?

d. Obwohl die Impedanz $\underline{Z}$ eines Schaltungselements oder Netzwerks eine komplexwertige Größe ist, sollte man die Impedanz nicht als Zeiger bezeichnen. Begründen Sie, warum dies so ist.

ÜBUNG: ZEIGERFORMALISMUS UND KOMPLEXWERTIGE SIGNALE

1. Durch eine Reihenschaltung aus einer Induktivität L, einer Kapazität C und einem Widerstand R fließt der im Zeigerdiagramm dargestellte Strom $\underline{I}_0$.

    a. Zeichnen Sie die Richtungen der Zeiger für die drei Spannungen $\underline{U}_L, \underline{U}_C$ und $\underline{U}_R$ an den Schaltungselementen in das Diagramm ein.

    b. Welche möglichen Werte kann der Phasenwinkel der Gesamtspannung $\underline{U}$ an der Reihenschaltung annehmen? Begründen Sie Ihre Antwort.

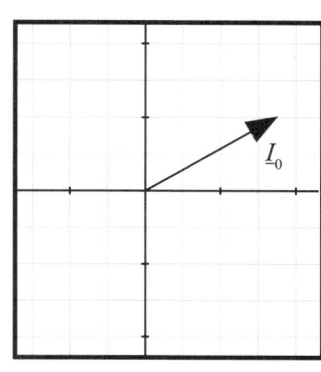

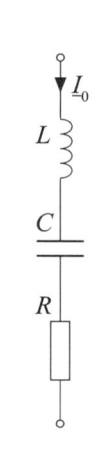

    c. Würden sich Ihre Antworten ändern, wenn die Reihenfolge der drei Schaltungselemente verändert würde? Wenn ja, wie? Wenn nein, warum nicht?

2. Von einem Netzwerk ist nur bekannt, dass bei einer bestimmten Frequenz ω_0 das Argument seiner komplexen Impedanz $\varphi_Z = -\pi/12$ beträgt.

    a. Ist es möglich, dass das Netzwerk nur aus ohmschen Widerständen aufgebaut ist? Begründen Sie.

    b. Was lässt sich über die Phasenverschiebung zwischen Strom und Spannung aussagen?

    c. Welche Größe eilt der anderen voraus?

    d. Was lässt sich über die Beträge von Strom und Spannung aussagen?

> Die *Admittanz* $\underline{Y}$ eines Schaltungselementes oder eines Netzwerks ist definiert als der Kehrwert (d. h. das Reziproke) der Impedanz $\underline{Z}$, also $\underline{Y} = \underline{I}/\underline{U}$.

    e. Welchen Wert hat das Argument der komplexen Admittanz des obigen Netzwerks?

3. Von einem Netzwerk ist nur bekannt, dass der Betrag seiner komplexen Impedanz $|\underline{Z}| = 50\,\Omega$ beträgt.

    a. Was lässt sich über die Phasenverschiebung zwischen Strom und Spannung aussagen?

    b. Was lässt sich über die Beträge von Strom und Spannung aussagen?

    c. Welchen Wert hat der Betrag der komplexen Admittanz dieses Netzwerks?

4. Von einem Netzwerk ist bekannt, dass seine Impedanz bei einer bestimmten Frequenz ω_0 reell ist. Kann das Netzwerk induktive oder kapazitive Schaltungselemente enthalten? Begründen Sie Ihre Antwort.

5. Ist es möglich, durch Parallel- oder Reihenschaltung von Widerständen, Induktivitäten und Kapazitäten ein Netzwerk aufzubauen, dessen komplexe Impedanz das Argument π besitzt? Wenn ja, skizzieren Sie ein solches Netzwerk. Wenn nein, begründen Sie, warum dies nicht möglich ist.

1 Reihen- und Parallelschaltungen in Wechselstromkreisen

1.1 *Wiederholung der Definitionen von Reihen- und Parallelschaltung*

Die nebenstehende Schaltung I besteht aus einer idealen Wechselspannungsquelle sowie verschiedenen idealen ohmschen, induktiven und kapazitiven Bauelementen.

a. Geben Sie an, welche Bauelemente oder Baugruppen miteinander *in Reihe* bzw. *parallel* geschaltet sind.

b. Formulieren Sie Definitionen für die *Reihenschaltung* und *Parallelschaltung* von elektrischen Bauelementen. Beziehen Sie sich hierbei *nicht* auf die Ströme oder Spannungen durch bzw. an diesen Elementen.

- Reihenschaltung

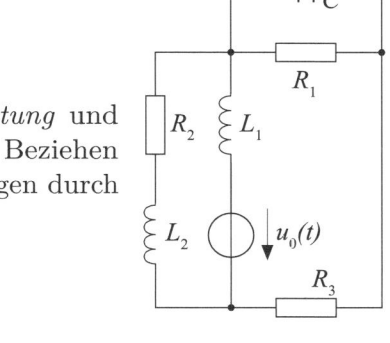

- Parallelschaltung

Schaltung I

Prüfen Sie, ob Ihre Ergebnisse in Teil a mit den Definitionen vereinbar sind. Klären Sie gegebenenfalls die aufgetretenen Widersprüche.

1.2 *Reihenschaltungen*

Betrachten Sie zwei Bauelemente, die in Schaltung I *in Reihe* geschaltet sind.

a. Was lässt sich über die *Ströme* durch die beiden Bauelemente aussagen?

Hängt Ihre Antwort davon ab, ob die beiden Bauelemente gleichartig (also z. B. beides Induktivitäten) oder verschiedenartig sind?

Gilt Ihre Aussage für die *Momentanwerte*, die *Scheitelwerte* oder die *Effektivwerte* der Ströme? Falls Ihre Aussage für mehr als eine Art von Werten gilt, geben Sie dies ausdrücklich an. Begründen Sie Ihre Antwort.

b. Angenommen, die Ströme durch die beiden in Teil a betrachteten Elemente wären *nicht* zu jedem Zeitpunkt gleich. Was würde mit der Ladung auf dem Leitungsabschnitt zwischen den beiden Elementen passieren?

Bei der Analyse von Wechselstromnetzwerken wird vorausgesetzt, dass alle periodischen Ladungsanhäufungen in einer Schaltung nur innerhalb der Kapazitäten (und mit Gesamtladung Null) auftreten. Erklären Sie, inwiefern die Annahme, die beiden betrachteten Ströme seien nicht gleich, dieser Voraussetzung widerspricht.

c. Welche der Kirchhoff'schen Regeln lässt sich hier anwenden? Inwiefern stellt die Situation hier eine besonders einfache Anwendung dieser Regel dar?

1.3 Parallelschaltungen

Betrachten Sie zwei Bauelemente, die in Schaltung I *parallel* geschaltet sind. (Schaltung I ist hier noch einmal abgebildet.)

a. Was lässt sich über die Spannungen an den beiden Bauelementen aussagen?

Hängt Ihre Antwort davon ab, ob die beiden Bauelemente gleichartig oder verschiedenartig sind?

Gilt Ihre Aussage für die *Momentanwerte*, die *Scheitelwerte* oder die *Effektivwerte* der Spannungen? Begründen Sie.

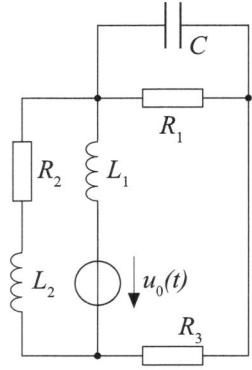

Schaltung I

b. Angenommen, die Spannungen an den beiden betrachteten Elementen wären *nicht* dieselben. Was würde für die Summe der Spannungen in der aus den beiden Elementen bestehenden Masche gelten?

Damit die einer beliebigen Schaltung *zugeführte Leistung* immer der in ihr *thermisch umgesetzten Leistung* plus der *Änderungsrate der gespeicherten Energie* entspricht, müssen sich die Spannungen in jeder Masche (bei richtig gewählten Vorzeichen) immer zu Null addieren. Erklären Sie, inwiefern die Annahme, die beiden betrachteten Spannungen seien nicht gleich, dieser Voraussetzung widerspricht.

c. Welche der Kirchhoff'schen Regeln lässt sich hier anwenden? Inwiefern stellt die Situation hier eine besonders einfache Anwendung dieser Regel dar?

2 Phasenbeziehungen und Kirchhoff'sche Regeln

2.1 Strom und Spannung am selben Bauelement

Schaltung II besteht aus einer Reihenschaltung eines Widerstandes (R_1) und einer Induktivität (L). Schaltung III besteht aus einer Parallelschaltung eines Widerstandes (R_2) und einer Kapazität (C).

a. Vergleichen Sie die relativen Phasen der folgenden Paare von Signalen, d. h. geben Sie an, ob die beiden Größen in Phase sind oder ob eine Phasenverschiebung zwischen ihnen auftritt. Begründen Sie Ihre Antworten.

- $i_{R_1}(t)$ und $u_{R_1}(t)$
- $i_L(t)$ und $u_L(t)$
- $i_{R_2}(t)$ und $u_{R_2}(t)$
- $i_C(t)$ und $u_C(t)$

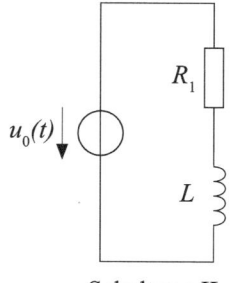

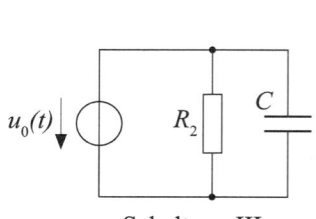

Schaltung II   Schaltung III

b. Bestimmen Sie in denjenigen Fällen, in denen die beiden Größen *nicht* in Phase sind, den Phasenunterschied zwischen ihnen, und geben Sie an, welche der beiden Größen der anderen nacheilt.

2.2 Ströme bzw. Spannungen in verbundenen Bauelementen

a. Bestimmen Sie die Phasenverschiebung zwischen den folgenden Größen in den Schaltungen II und III. Begründen Sie.

- $i_{R_1}(t)$ und $i_L(t)$
- $u_{R_1}(t)$ und $u_L(t)$
- $u_{R_2}(t)$ und $u_C(t)$
- $i_{R_2}(t)$ und $i_C(t)$

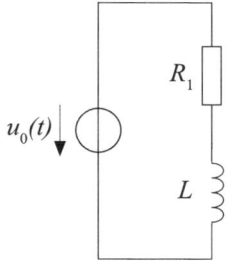

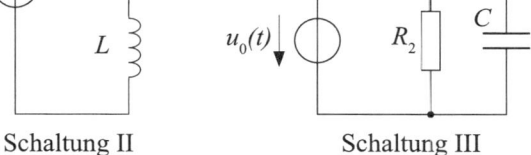

Schaltung II

Schaltung III

b. Zwei Studierende diskutieren über die Phasen der verschiedenen Größen.

Michael: *„In einer Induktivität tritt eine induzierte Spannung auf, die jeder Änderung des Stromflusses entgegenwirkt. Der Strom verzögert sich deshalb, wenn er nach Passieren des Widerstandes R_1 die Induktivität L erreicht. Also tritt zwischen dem Strom durch L und dem durch R_1 eine Phasenverschiebung von 90° auf."*

Ben: *„Ich habe zunächst über die Spannungen in Schaltung III nachgedacht. Bei einer Kapazität muss sich erst Ladung anhäufen, bevor die Spannung ihren Maximalwert erreicht. Deshalb tritt zwischen der Spannung an C und der Spannung an R_2 eine Phasenverschiebung von 90° auf."*

Beide Studierende kommen zu *falschen Schlussfolgerungen*. Erläutern Sie mithilfe Ihrer bisherigen Ergebnisse die Fehler in der jeweiligen Argumentation.

c. War es in Teil a möglich, die Phasen der Spannungen an R_1 und an L zu vergleichen, ohne zunächst die Ströme zu betrachten? Begründen Sie.

War es in Teil a möglich, die Phasen der Ströme durch R_2 und C zu vergleichen, ohne zunächst die Spannungen zu betrachten? Begründen Sie.

Zeiger für Ströme und Spannungen in Schaltung II (Beträge beliebig)

d. Skizzieren Sie im oberen Zeichenfeld rechts ein Zeigerdiagramm für die komplexen Größen $\underline{I}_{R_1}$, $\underline{I}_L$, $\underline{U}_{R_1}$ und $\underline{U}_L$ in Schaltung II. Verwenden Sie dabei nach Möglichkeit verschiedene Farben für Ströme und Spannungen.

Zeiger für Ströme und Spannungen in Schaltung III (Beträge beliebig)

e. Skizzieren Sie im unteren Zeichenfeld rechts ein Zeigerdiagramm für die komplexen Größen $\underline{U}_{R_2}$, $\underline{U}_C$, $\underline{I}_{R_2}$ und $\underline{I}_C$ in Schaltung III.

TUTORIAL – PHASENBEZIEHUNGEN

2.3 *Ströme und Spannungen in idealen Quellen*

a. Sind nach Ihrer Erwartung die Ströme durch die beiden Quellen in Schaltung II und III mit den Quellenspannungen in Phase? Begründen Sie Ihre Antwort.

b. Welcher Zusammenhang besteht zwischen $\underline{U}_{R_1}$, $\underline{U}_L$ und $\underline{U}_0$ in Schaltung II?

Zeichnen Sie die Quellenspannung $\underline{U}_0$ in das Zeigerdiagramm für Schaltung II ein.

c. Welcher Zusammenhang besteht zwischen $\underline{I}_{R_2}$, $\underline{I}_C$ und dem Strom $\underline{I}_0$ durch die Quelle in Schaltung III?

Zeichnen Sie den Strom $\underline{I}_0$ in das Zeigerdiagramm für Schaltung III ein.

d. Antworten Sie nun anhand der Zeigerdiagramme: Ist der Strom durch die jeweilige Quelle mit der Quellenspannung in Phase oder tritt zwischen den beiden Größen eine Phasenverschiebung auf? Begründen Sie.

e. Zwei Studierende diskutieren ihre Antworten in Aufgabenteil d.

Thomas: *„Wir müssen hier etwas falsch gemacht haben. Eine ideale Spannungsquelle ist doch rein reell und enthält keine reaktiven Elemente. Spannung und Strom in ihr müssen dann doch in Phase sein."*

Ben: *„Nein, ich denke, dass unsere Antworten richtig sind. Eine ideale Wechselspannungsquelle ist ein Modell für ein Bauteil, das eine Wechselspannung mit gegebenem Effektivwert und gegebener Phase bereitstellt, unabhängig davon, welche Schaltung damit verbunden ist. Über den Strom wird damit nichts ausgesagt."*

Stimmen Sie einer der beiden Aussagen zu? Begründen Sie Ihre Antwort.

In Ihrer Betrachtung der beiden Schaltungen II und III haben Sie die beiden Kirchhoff'schen Regeln, d. h. die Knotenregel und die Maschenregel, angewendet. In der Wechselstromrechnung stellen diese Regeln Beziehungen zwischen zeitabhängigen Größen dar und müssen zu jedem Zeitpunkt erfüllt sein. Demzufolge gelten sie auch für die komplexen Größen und in der Zeigerdarstellung. Für die Effektivwerte der Größen ist dies jedoch im Allgemeinen nicht der Fall, was im folgenden Tutorial *Zeiger und Effektivwerte* genauer untersucht werden soll.

ÜBUNG — PHASENBEZIEHUNGEN

1. Zwischen den Punkten M und N in der Schaltung rechts liegt *ein* unbekanntes Schaltungselement T. An der Schaltung werden verschiedene Messungen durchgeführt. $\underline{I}_T$ bezeichnet den Strom durch das Schaltungselement T (mit geeignet gewähltem Vorzeichen) usw.

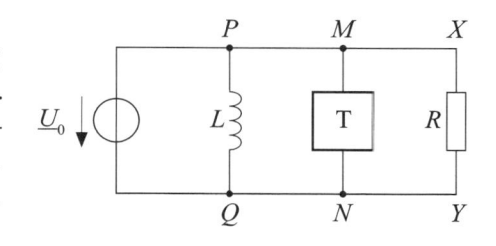

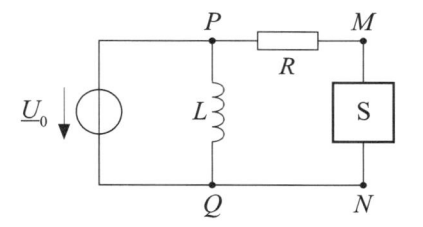

   a. Was lässt sich über den Typ des Schaltungselementes aussagen, wenn die Messungen folgende Ergebnisse zeigen?
      - $\underline{I}_T$ ist in Phase mit $\underline{I}_L$
      - $\underline{U}_{XY}$ ist in Phase mit $\underline{U}_{MN}$
      - $\underline{U}_{XY}$ ist in Phase mit $\underline{U}_{PQ}$
      - $\underline{I}_T$ ist nicht in Phase mit $\underline{U}_0$

   b. Ist es möglich, dass $\underline{I}_R$ mit $\underline{I}_L$ in Phase ist? Wenn ja, um welchen Typ von Schaltungselement muss es sich bei T dann handeln? Wenn nicht, begründen Sie.

2. Zwischen den Punkten M und N in der Schaltung rechts liegt *ein* unbekanntes Schaltungselement S. An der Schaltung werden verschiedene Messungen durchgeführt. $\underline{I}_M$ bezeichnet den Strom durch den Leiter am markierten Punkt M (mit geeignet gewähltem Vorzeichen) usw.

   a. Was lässt sich über den Typ des Schaltungselementes aussagen, wenn die Messungen folgende Ergebnisse zeigen?
      - $\underline{I}_M$ ist in Phase mit $\underline{U}_{MN}$
      - $\underline{I}_M$ ist in Phase mit $\underline{I}_N$
      - $\underline{U}_{MN}$ ist in Phase mit $\underline{U}_{PM}$
      - $\underline{U}_{MN}$ ist nicht in Phase mit $\underline{U}_0$

   b. Ist es möglich, dass $\underline{U}_{PM}$ mit $\underline{U}_{PQ}$ in Phase ist? Wenn ja, um welchen Typ von Schaltungselement muss es sich bei S dann handeln? Wenn nicht, begründen Sie.

1 Ströme und Spannungen bei einer RL-Reihenschaltung

1.1 Qualitative Betrachtung

Die Schaltung rechts besteht aus der Reihenschaltung eines Widerstands und einer Induktivität sowie einer idealen Wechselspannungsquelle.

Hinweis: Betrachten Sie im vorliegenden Teil 1.1 dieses Tutorials nur die *Beträge* der komplexen Größen: Mit „Impedanz" ist hier also der Betrag der komplexwertigen Impedanz gemeint; „Spannung" und „Strom" beziehen sich entsprechend zunächst auf die Effektivwerte (d. h. die Beträge der komplexen Zeigergrößen).

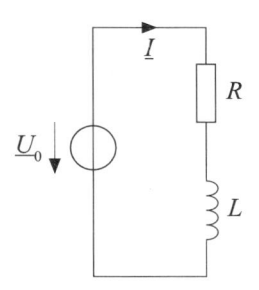

a. Wie hängen die einzelnen Impedanzen der beiden Bauteile von der Frequenz ab?

b. Bestimmen Sie die Grenzwerte der Gesamtimpedanz dieser Reihenschaltung:

- bei sehr niedrigen Frequenzen ($\omega \to 0$),
- bei sehr hohen Frequenzen ($\omega \to \infty$).

c. Welche Werte nimmt der Strom näherungsweise an:

- bei sehr niedrigen Frequenzen ($\omega \to 0$),
- bei sehr hohen Frequenzen ($\omega \to \infty$).

d. Betrachten Sie die folgende Aussage eines Studenten:
„Bei sehr hohen Frequenzen verhält sich die Induktivität wie ein geöffneter Stromkreis. Deshalb fließt für $\omega \to \infty$ kein Strom. Folglich ist auch die Spannung an der Induktivität gleich Null."

Stimmen Sie dieser Aussage zu? Begründen Sie.

e. Bestimmen Sie mithilfe der Spannungsteiler-Regel die Grenzwerte der Spannungen an Widerstand und Induktivität:

- bei sehr niedrigen Frequenzen ($\omega \to 0$)

  $U_{R,\text{eff}} \to$ \hspace{3cm} $U_{L,\text{eff}} \to$

- bei sehr hohen Frequenzen ($\omega \to \infty$)

  $U_{R,\text{eff}} \to$ \hspace{3cm} $U_{L,\text{eff}} \to$

Begründen Sie kurz Ihre Ergebnisse. Vergleichen Sie dann das entsprechende Ergebnis mit Ihrer Antwort in Teil d.

f. Erwarten Sie aufgrund Ihrer Antworten in Teil e, dass es eine Frequenz gibt, bei der die Spannungen an Widerstand und Induktivität betragsmäßig gleich sind?

Wenn ja, erwarten Sie, dass bei dieser Frequenz die Spannung am Widerstand *größer*, *kleiner* oder *gleich* der halben Quellenspannung ist?

1.2 Quantitative Betrachtung

Die Schaltung aus Teil 1.1 ist nebenstehend noch einmal abgebildet. Die Quellenspannung sei nun durch die komplexe Größe $\underline{U}_0 = U_{0,\text{eff}} \cdot e^{j\phi_U}$ und die Kreisfrequenz ω beschrieben. Der Widerstand und die Induktivität betragen R bzw. L.

a. Drücken Sie die komplexwertige Impedanz der Reihenschaltung durch R, L und ω aus.

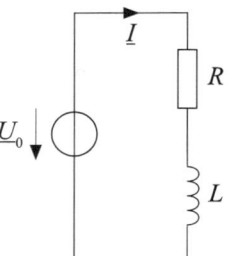

b. Tragen Sie $\underline{Z}$ für eine beliebige feste Frequenz im Diagramm ein und markieren Sie Real- und Imaginärteil.

c. Geben Sie einen Ausdruck für den Betrag der Gesamtimpedanz an und zeigen Sie, wo diese Größe in Ihrer Skizze auftritt.

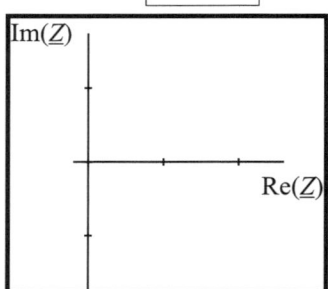

d. Ist der Betrag der Gesamtimpedanz gleich der arithmetischen Summe aus den Beträgen der Einzelimpedanzen (von R und L)?

e. Angenommen, Sie hätten eine dem betrachteten Schaltbild entsprechende Schaltung vor sich. Wie könnten Sie aufgrund verschiedener Messungen mit einem Voltmeter und einem Ampèremeter den *Realteil*, den *Imaginärteil* und den *Betrag* der Impedanz bestimmen? Geben Sie für jede der drei Größen ein *eigenes* Messverfahren an, d. h. verwenden Sie *nicht* zwei der Größen, um die dritte zu berechnen. (Die Frequenz der Quelle ist fest, aber ebenfalls unbekannt.)

1.3 Zahlenbeispiel

Die Quellenspannung betrage $U_{0,\text{eff}} = 10\,\text{V}$. Der Strom werde bei den Kreisfrequenzen $\omega_1 \approx 0\,\text{s}^{-1}$ und $\omega_2 = 1000\,\text{s}^{-1}$ gemessen und habe die Effektivwerte $I_{1,\text{eff}} = 0{,}25\,\text{A}$ und $I_{2,\text{eff}} = 0{,}20\,\text{A}$.

a. Berechnen Sie den Widerstand und die Induktivität in der obigen Schaltung.

b. Berechnen Sie für die Kreisfrequenz ω_2 die Effektivwerte der Spannungen an Widerstand und Induktivität und skizzieren Sie die Spannungszeiger im Zeichenfeld rechts.

c. Beantworten Sie für die gegebene Schaltung die folgenden Fragen:
   - Ist die Summe der Effektivwerte der Spannungen an den passiven Bauteilen gleich dem Effektivwert der Quellenspannung?
   - Lässt sich hier die Kirchhoff'sche Maschenregel anwenden? Wenn ja, formulieren Sie sie in der für Wechselstromschaltungen passenden Form. Wenn nein, warum nicht?

d. Überprüfen Sie nun noch einmal Ihre Antwort auf die zweite Frage in Teil 1.1.f. Welchen Wert müssen die Beträge der Spannungen an Widerstand und Induktivität in diesem Fall annehmen?

e. Könnte bei anders gewählten Werten von ω, R oder L die Spannung an einem der Bauteile größer werden als die Quellenspannung? Begründen Sie Ihre Antwort.

2 Ströme und Spannungen bei einer RLC-Reihenschaltung

2.1 Qualitative und quantitative Betrachtung

Die Schaltung rechts besteht aus der Reihenschaltung eines Widerstands mit einer Induktivität und einer Kapazität sowie einer idealen Wechselspannungsquelle.

a. Geben Sie einen Ausdruck für die komplexwertige Impedanz der Reihenschaltung an.

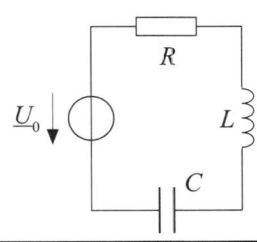

b. Skizzieren Sie $\underline{Z}$ für eine beliebige feste Frequenz und kennzeichnen Sie die Impedanzen der einzelnen Bauteile.

c. Wie hängen die Impedanzen der einzelnen Bauteile von der Frequenz ab?

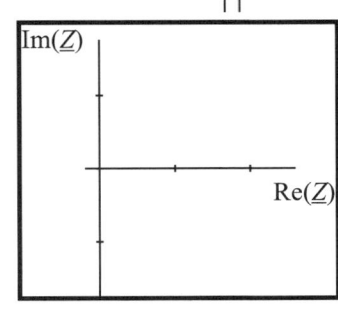

d. Bestimmen Sie die Grenzwerte der Gesamtimpedanz $\underline{Z}_{RLC}$ der Reihenschaltung

- bei sehr niedrigen Frequenzen ($\omega \to 0$),

- bei sehr hohen Frequenzen ($\omega \to \infty$).

e. Beschreiben Sie qualitativ, wie sich Real- und Imaginärteil der Impedanz $\underline{Z}_{RLC}$ zwischen den beiden Grenzwerten ändern.

Wie ändert sich der Betrag der Impedanz $\underline{Z}_{RLC}$? Nimmt er einen *maximalen* oder *minimalen* Wert an?

2.2 Zahlenbeispiel

Die Werte von R, L und U_0 seien die gleichen wie in Abschnitt 1, also $R = 40\,\Omega$, $L = 30\,\text{mH}$ und $U_{0,\text{eff}} = 10\,\text{V}$. Die Kapazität betrage $C = 10\,\mu\text{F}$.

a. Berechnen Sie die Effektivwerte der Spannungen an Widerstand, Induktivität und Kapazität bei der Kreisfrequenz $\omega_3 = 2000\,\text{s}^{-1}$ und skizzieren Sie die Spannungszeiger im Zeichenfeld rechts.

b. Beantworten Sie die folgenden Fragen bezüglich der gegebenen Situation anhand Ihrer Skizze:

- Ist die Spannung am Widerstand mit der Quellenspannung *in Phase* oder tritt zwischen den beiden Größen eine *Phasenverschiebung* auf?

- Ist die Summe der Effektivwerte der Spannungen an den passiven Bauteilen (R, L und C) gleich dem Betrag der Quellenspannung?

  Wie lässt sich dies anhand der Spannungen im Zeitbereich verstehen?

- Wie ist es mit der Maschenregel vereinbar, dass die Spannung an einzelnen Bauteilen größer ist als die Quellenspannung?

  Warum kann diese so genannte *Spannungsüberhöhung* nur an Induktivitäten und Kapazitäten, nicht jedoch an Widerständen auftreten?

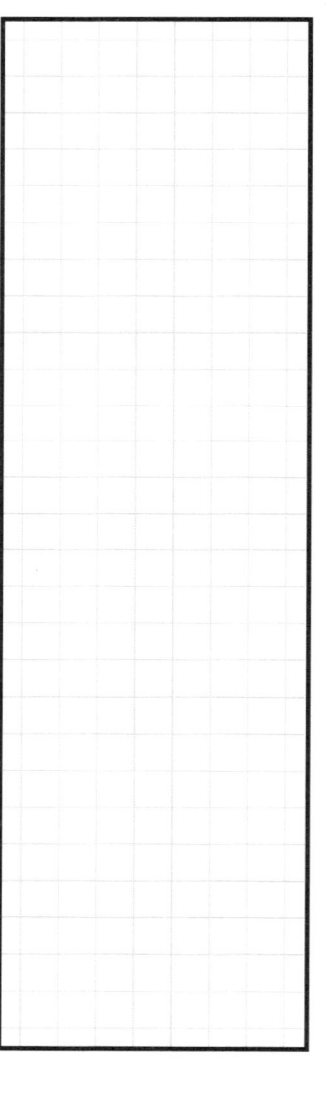

ÜBUNG — ZEIGER UND EFFEKTIVWERTE

1. In Abschnitt 1 des Tutorials zeigte es sich, dass sich in der betrachteten Schaltung zwar die Zeigergrößen $\underline{U}_R$ und $\underline{U}_L$ zu $\underline{U}_0$ addieren, dies aber nicht für die zugehörigen Effektivwerte gilt. Im vorangegangenen Tutorial *Phasenbeziehungen* hatten Sie jedoch festgestellt, dass die Gleichheit der Spannungen für zwei parallel geschaltete Elemente (z. B. von $\underline{U}_{R_2}$ und $\underline{U}_C$ in Schaltung I) auch für die entsprechenden Effektivwerte gilt.

   Erläutern Sie, warum dies der Fall ist.

2. Welcher prinzipielle Unterschied bezüglich der an den einzelnen Schaltungselementen auftretenden Spannungen besteht zwischen einer *RC*- oder *RL*-Reihenschaltung einerseits und einer *RLC*-Reihenschaltung an einer idealen Spannungsquelle andererseits?

3. Betrachten Sie noch einmal die *RLC*-Reihenschaltung in Abschnitt 2.2. Es lässt sich beobachten, dass bei einer bestimmten Kreisfrequenz ω_0 die Spannung am Widerstand den gleichen Effektivwert besitzt wie die Quellenspannung.

   a. Haben die beiden Spannungen $\underline{U}_R$ und $\underline{U}_0$ dann notwendigerweise auch die gleiche Phase? Erläutern Sie Ihre Antwort anhand einer Skizze.

   b. Was gilt in diesem Fall für die Spannungen an L und C?

   c. Was lässt sich hieraus für die Impedanzen von L und C folgern?

   d. Entscheiden Sie mithilfe qualitativer Überlegungen, ob die entsprechende Kreisfrequenz ω_0 oberhalb oder unterhalb des im Tutorial betrachteten Wertes ($\omega_3 = 2000\,\text{s}^{-1}$) liegt.

   e. Berechnen Sie ω_0 für diesen Fall und überprüfen Sie Ihre Antwort in Aufgabenteil 2.2.

   Das Auftreten von Frequenzen mit reellwertiger Impedanz bei Schaltungen mit induktiven und kapazitiven Elementen ist ein Fall von *Resonanz* und soll im Tutorial *Schwingkreise* genauer untersucht werden.

4. Die nachfolgend dargestellte Schaltung wurde bereits im Tutorial *Phasenbeziehungen* hinsichtlich ihres Aufbaus aus Parallel- und Reihenschaltungen betrachtet. Treffen Sie nun die zusätzliche Annahme, dass alle Schaltungselemente betragsmäßig gleiche Impedanzen haben, also $|\underline{Z}_{L_1}| = |\underline{Z}_{R_1}| = |\underline{Z}_C|$ usw.

   a. Was folgt aus dieser Annahme für die Strom- und Spannungszeiger?

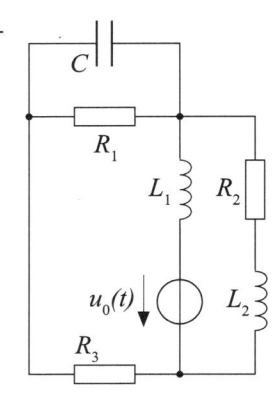

   b. Skizzieren Sie ein Zeigerdiagramm.

   c. Ist der Strom durch den Widerstand R_1 mit der Quellenspannung $\underline{U}_0$ in Phase?

TUTORIAL: IMPEDANZ UND ADMITTANZ

In diesem Tutorial untersuchen Sie, wie und unter welchen Voraussetzungen eine Parallelschaltung aus zwei Elementen durch eine Reihenschaltung ersetzt werden kann.

1 Betrachtung einer Parallelschaltung

1.1 Impedanz und Admittanz

Betrachten Sie die nachfolgend dargestellte Parallelschaltung eines Widerstandes R_P und einer Kapazität C_P.

a. Geben Sie einen algebraischen Ausdruck für die *Impedanz* $\underline{Z}$ der Schaltung an. (Sie brauchen den Ausdruck zunächst *nicht* weiter zu vereinfachen.)

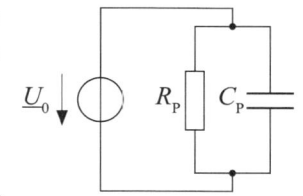

Lässt sich diesem Ausdruck sofort entnehmen, ob der Imaginärteil von $\underline{Z}$ *positiv*, *negativ* oder *gleich Null* ist? Wenn ja, wie? Wenn nein, warum nicht?

b. Geben Sie einen algebraischen Ausdruck für die Admittanz $\underline{Y}$ dieser Schaltung an.

Ist der Imaginärteil von $\underline{Y}$ *positiv*, *negativ* oder *gleich Null*?

c. Berechnen Sie die Admittanz für die Werte $R_P = 25\,\Omega$, $C_P = 10\,\mu F$ und $\omega = 3000\,s^{-1}$. Geben Sie Ihr Ergebnis auf folgende Weise an:

- in *kartesischer* Darstellung (d. h. durch Realteil und Imaginärteil),

- in *polarer* Darstellung (d. h. durch Betrag und Argument).

d. Stellen Sie die komplexwertige Admittanz der Schaltung bei der gegebenen Frequenz im Diagramm rechts mithilfe eines Vektors dar.

Lassen sich Realteil und Imaginärteil in diesem Fall einzelnen Schaltungselementen zuordnen?

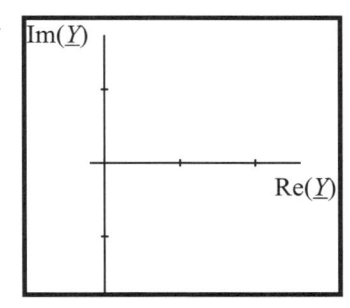

e. Bestimmen Sie mithilfe Ihrer Antwort in Teil c einen Zahlenwert für die *Impedanz* der Schaltung in polarer Darstellung.

Im Tutorial *Grafische Darstellung von Impedanz und Admittanz* werden Sie ein weiteres Verfahren zur Umformung von Impedanzen und Admittanzen kennenlernen und anwenden.

1.2 Spannungen und Ströme

a. Vergleichen Sie die Spannungen $\underline{U}_R$ und $\underline{U}_C$ an Widerstand und Kapazität.

b. Haben die Ströme durch die beiden Zweige, $\underline{I}_R$ und $\underline{I}_C$, die gleiche Phase? Begründen Sie.

c. Sofern Sie dies nicht bereits getan haben, skizzieren Sie ein Zeigerdiagramm für alle auftretenden Ströme und Spannungen. Erläutern Sie damit Ihre Antwort auf die vorige Frage.

Erläutern Sie, warum es sinnvoll ist, das Zeigerdiagramm mit dem Spannungszeiger zu beginnen.

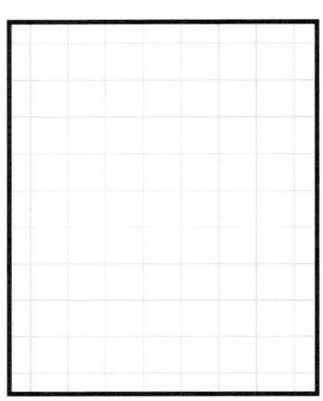

d. Beschreiben Sie qualitativ die Phasenbeziehung zwischen dem Strom $\underline{I}$ durch die Quelle und der Quellenspannung $\underline{U}_0$:

- Eilt der Strom der Spannung *voraus*, eilt er ihr *nach* oder sind die beiden Größen in Phase?

- Beträgt der Phasenunterschied zwischen den beiden Größen *genau 90°*, *genau 0°* oder besitzt er einen Wert *zwischen 0° und 90°*?

e. Betrachten Sie die Definition der komplexen Admittanz (d. h. den Zusammenhang zwischen Strom, Spannung und Admittanz) und geben Sie eine Gleichung an, welche die *Argumente* (oder Phasen) von $\underline{I}$, $\underline{U}$ und $\underline{Y}$ miteinander verbindet:

Sind Ihre Antworten in Teil d mit dem Zahlenwert vereinbar, den Sie für die komplexe Admittanz erhalten haben? Begründen Sie Ihre Antwort anhand der geometrischen Interpretation der Multiplikation komplexer Zahlen.

2 Ersetzen einer Reihenschaltung durch eine Parallelschaltung

2.1 Reihen- und Parallelschaltungen mit gleicher Impedanz

a. Betrachten Sie nun eine Reihenschaltung, die aus *denselben Elementen* besteht wie die zuvor in Abschnitt 1 untersuchte Parallelschaltung (d. h. gleiche Werte von Widerstand und Kapazität). Geben Sie einen algebraischen Ausdruck für die *Impedanz* an und bestimmen Sie den sich daraus ergebenden Zahlenwert.

b. Entspricht der Wert, den Sie gerade berechnet haben, der Impedanz der Parallelschaltung in Abschnitt 1? (*Hinweis:* Betrachten Sie zunächst die Absolutbeträge.)

c. Formen Sie nun den Ausdruck, den Sie in Teil 1.1.c für die Impedanz der *Parallelschaltung* gefunden haben, so um, dass sich daraus Ausdrücke für Real- und Imaginärteil ablesen lassen.

Überprüfen Sie, ob Ihre Ergebnisse zu den richtigen Einheiten führen.

d. Angenommen, Sie sollten aus zwei beliebigen Schaltungselementen eine *Reihenschaltung* aufbauen, welche (bei der gegebenen Kreisfrequenz ω) die gleiche Impedanz besitzt wie die Parallelschaltung in Abschnitt 1. Bestünde diese Reihenschaltung aus einem Widerstand und einer Kapazität oder aus einem Widerstand und einer Induktivität? Begründen Sie Ihre Antwort.

e. Bestimmen Sie nun mithilfe Ihres Ergebnisses in Teil c algebraische Ausdrücke für die zu verwendenden Bauelemente R_R und C_R (oder L_R) der Reihenschaltung, so dass die Impedanz dieser Reihenschaltung und der Parallelschaltung aus Abschnitt 1 bei der gegebenen Frequenz gleich sind.

Überprüfen Sie, ob Ihre Ergebnisse zu den richtigen Einheiten führen.

f. Interpretieren Sie Ihre Ergebnisse anhand der folgenden beiden Fragen:

- Ist R_R *größer, kleiner* oder *gleich* R_P? Entspricht dies Ihrer Erwartung?

- Was geschieht mit dem Wert von C_R, wenn C_P sehr klein wird? Erklären Sie diesen Zusammenhang anhand des qualitativen Verhaltens von Kapazitäten in Wechselstromschaltungen.

- Was geschieht mit dem Wert von R_R, wenn C_P sehr klein wird? Erklären Sie diesen Zusammenhang anhand des qualitativen Verhaltens von Kapazitäten in Wechselstromschaltungen.

2.2 *Frequenzabhängigkeit*

a. Untersuchen Sie, ob die Real- und Imaginärteile der Impedanzen der beiden Schaltungen *zunehmen, abnehmen* oder *gleich bleiben*, wenn die Kreisfrequenz der Quellenspannung von einem beliebigen Anfangswert ω_0 ausgehend erhöht wird, und tragen Sie Ihre Ergebnisse in die nachfolgende Tabelle ein. (*Hinweis:* Betrachten Sie hierzu die Ausdrücke, die Sie für die Impedanzen der beiden Schaltungen gefunden haben. In einem der Fälle lässt sich keine eindeutige Antwort geben.)

Änderung der Impedanzen bei Erhöhung von ω	Reihenschaltung (mit R_R und C_R)	Parallelschaltung (mit R_P und C_P)
Re $\underline{Z}$		
Im $\underline{Z}$		

b. Angenommen, die Werte der Bauelemente werden so gewählt, dass die Impedanzen bei ω_0 gleich sind. Haben die beiden Schaltungen bei Erhöhung der Kreisfrequenz dann weiterhin die gleiche Impedanz?

Im Tutorial *Ortskurven* haben Sie die Gelegenheit, diesen Sachverhalt genauer zu untersuchen.

ÜBUNG — IMPEDANZ UND ADMITTANZ

1. An einem Zweipol wurden bei der Frequenz $f = 3\,\text{kHz}$ Strom und Spannung gemessen und in komplexer Schreibweise notiert: $\underline{I} = (40 - 30j)\,\text{mA}$ und $\underline{U} = (1{,}5 - 2j)\,\text{V}$.

    a. Geben Sie ohne detaillierte Rechnung an, ob es sich um einen induktiven oder einen kapazitiven Zweipol handelt. Begründen Sie.

    b. Bestimmen Sie die Werte einer *Reihenschaltung* aus zwei Elementen, an der die obigen Werte für Strom und Spannung erzielt werden können.

    c. Wiederholen Sie die vorige Teilaufgabe für eine *Parallelschaltung* zweier Elemente.

    d. Ist es möglich, dieselben Werte mit einer Reihen- oder Parallelschaltung aus *drei* Elementen zu erreichen? Begründen Sie Ihre Antwort.

2. Der Zweipol in der Abbildung wird an eine Wechselspannungsquelle angeschlossen.

    a. Welches Verhalten erwarten Sie in den folgenden Grenzfällen?

    - bei sehr niedrigen Frequenzen ($\omega \to 0$),

    - bei sehr hohen Frequenzen ($\omega \to \infty$),

    - bei sehr hoher Induktivität ($L \to \infty$).

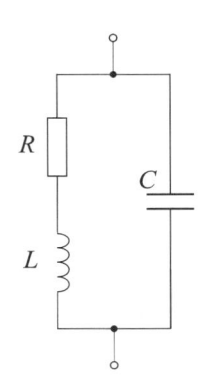

    b. Bestimmen Sie die Admittanz des Zweipols in Abhängigkeit von den Größen R, L und C.

    c. Überprüfen Sie, ob der allgemeine Ausdruck das erwartete Verhalten in den betrachteten Grenzfällen widerspiegelt.

    d. Welches andere Schaltungselement lässt sich bei einem sehr hohen Wert von L entfernen, ohne das Verhalten des Zweipols wesentlich zu verändern: der Widerstand R, die Kapazität C oder beide Elemente?

    e. Unter welchen Voraussetzungen lässt sich der gesamte Zweipol durch eine *RC*-Parallelschaltung ersetzen?

1 Real- und Imaginärteile von Impedanz und Admittanz

Im Tutorial *Impedanz und Admittanz* haben Sie bereits den Zusammenhang verwendet, dass sich die Impedanz eines Netzwerks in der kartesischen Darstellung als

$$\underline{Z} = R + jX$$

schreiben lässt, wobei R (ihr Realteil) als *Wirkwiderstand* und X (ihr Imaginärteil) als *Blindwiderstand* bezeichnet werden.

Entsprechend lässt sich die Admittanz $\underline{Y} = 1/\underline{Z}$ ebenfalls durch ihren Realteil, den *Wirkleitwert* G, und ihren Imaginärteil, den *Blindleitwert* B, folgendermaßen ausdrücken:

$$\underline{Y} = G + jB.$$

Zuweilen werden R und X, dem englischen Sprachgebrauch folgend, auch als *Resistanz* und *Reaktanz* bezeichnet, G und B entsprechend als *Konduktanz* und *Suszeptanz*.

Aufgrund der Regeln für die Division komplexer Zahlen ergeben sich für $\underline{Z}$ und $\underline{Y}$, ausgedrückt durch die Real- und Imaginärteile der jeweils anderen Größe, die folgenden Transformationsgleichungen:

$$\underline{Z} = \frac{G}{G^2 + B^2} - j\frac{B}{G^2 + B^2} \qquad \underline{Y} = \frac{R}{R^2 + X^2} - j\frac{X}{R^2 + X^2}$$

1.1 Wirkwiderstand und Wirkleitwert

Betrachten Sie noch einmal die Parallelschaltung eines Widerstands R_P und einer Kapazität C_P, für die Sie im Tutorial *Impedanz und Admittanz* die beiden Größen wie folgt bestimmt haben.

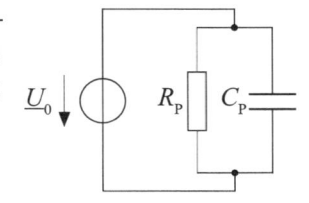

$$\underline{Z}_P = \frac{R_P}{1 + \omega^2 R_P^2 C_P^2} - j\frac{(\omega R_P C_P) R_P}{1 + \omega^2 R_P^2 C_P^2} \quad \text{und} \quad \underline{Y}_P = \frac{1}{R_P} + j\omega C_P$$

a. Überprüfen Sie, ob die beiden Ausdrücke zu den richtigen Einheiten führen.

b. Vergleichen Sie die Realteile der Impedanz und der Admittanz mit dem Widerstand bzw. dem Leitwert des ohmschen Bauelements in der gegebenen Schaltung:

- Ist der Wirkwiderstand R der Schaltung gleich R_P?
- Ist der Wirkleitwert G der Schaltung gleich $1/R_P$?

c. Ist im vorliegenden Fall der Wirkleitwert G gleich dem Kehrwert des Wirkwiderstands R?

d. Bei einem *Gleichstrom*netzwerk ist der Leitwert G immer gleich dem Kehrwert des Widerstands R (d. h. $G = 1/R$). Erläutern Sie anhand der allgemeinen Transformationsgleichungen (zu Beginn von Abschnitt 1), warum dies für *Wechselstrom*netzwerke in der Regel nicht gilt.

> Beachten Sie, dass R und G nicht gleich dem Widerstand oder Leitwert eines bestimmten ohmschen Bauelements in der Schaltung sein müssen, selbst wenn nur ein solches Bauelement vorhanden ist.

1.2 Blindwiderstand und Blindleitwert

Die in Teil 1.1 untersuchte Schaltung ist nachfolgend noch einmal abgebildet.

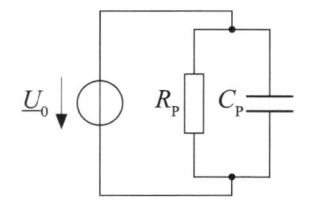

a. Ist der Blindleitwert der obigen Schaltung *positiv*, *negativ* oder *gleich Null*?

b. Entscheiden Sie anhand der Definition der Admittanz ($\underline{Y} = \underline{I}/\underline{U}$), ob in einer Schaltung mit positivem Blindleitwert der Strom der Spannung vor- oder nacheilt.

Lässt sich die Schaltung eher als induktiv oder als kapazitiv bezeichnen?

c. Kann der Blindwiderstand derselben Schaltung *gleich Null* sein? Wenn nein, ist er *positiv* oder *negativ*? Begründen Sie Ihre Antwort anhand der Definition der Impedanz ($\underline{Z} = \underline{U}/\underline{I}$) und der Phasenverschiebung zwischen Strom und Spannung.

Ist Ihre Antwort mit den allgemeinen Transformationsgleichungen vereinbar?

2 Grafische Darstellung der Frequenzabhängigkeit von Impedanz und Admittanz

2.1 Ortskurve der Admittanz

a. Berechnen Sie die *Admittanz* $\underline{Y}_P$ der Schaltung bei einer festen Frequenz. (Verwenden Sie dazu die Werte aus dem Tutorial *Impedanz und Admittanz*: $R_P = 25\,\Omega$, $C_P = 10\,\mu F$ und $\omega = 3000\,s^{-1}$).

b. Stellen Sie die Admittanz der Schaltung bei der gegebenen Frequenz im Diagramm rechts mithilfe eines Vektors dar.

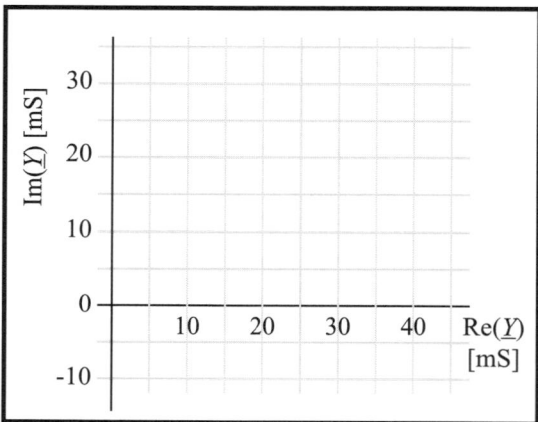

Wie würde sich der *Wirkleitwert* ändern, wenn die Frequenz erhöht oder verringert würde?

Wie würde sich der *Blindleitwert* ändern, wenn die Frequenz erhöht oder verringert würde?

c. Bestimmen Sie die Kurve, welche die Pfeilspitzen aller Admittanzen im Diagramm durchlaufen, wenn die Frequenz vom Wert Null ausgehend zu immer größeren Werten erhöht wird, und zeichnen Sie sie im Diagramm ein. Markieren Sie den Punkt, der $\omega = 0\,s^{-1}$ entspricht, sowie die Richtung zunehmender Frequenz.

2.2 Ortskurve der Impedanz

a. Bestimmen Sie einen Zahlenwert für die *Impedanz* der Parallelschaltung bei der gegebenen Kreisfrequenz.

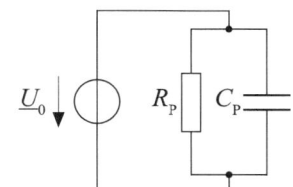

b. Stellen Sie die Impedanz der Schaltung bei der gegebenen Kreisfrequenz im Diagramm rechts mithilfe eines Vektors dar.

c. Vergleichen Sie den Winkel, den dieser Vektor mit der positiven reellen Achse einschließt, mit dem entsprechenden Winkel in Teil 2.1.b.

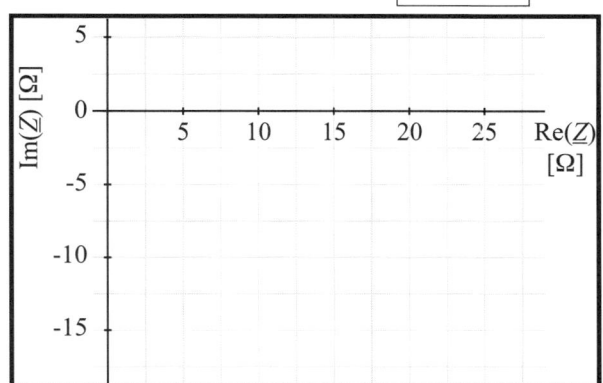

d. Ist Ihre Antwort bezüglich der beiden Winkel in Teil c vereinbar mit

- den speziellen Ausdrücken für die Impedanz bzw. Admittanz der Schaltung ($\underline{Z}_P$ und $\underline{Y}_P$, siehe Abschnitt 1.1),

- den allgemeinen Transformationsgleichungen zwischen $\underline{Z}$ und $\underline{Y}$ (zu Beginn von Abschnitt 1) und

- der physikalischen Bedeutung der Argumente der Größen $\underline{Z}$ und $\underline{Y}$?

e. Bestimmen Sie den Grenzwert der Impedanz der Schaltung (Real- und Imaginärteil)

- bei sehr niedrigen Frequenzen ($\omega \to 0$),

- bei sehr hohen Frequenzen ($\omega \to \infty$).

Markieren Sie die entsprechenden Punkte im Diagramm. Kennzeichnen Sie die Punkte, so dass deutlich wird, welcher Punkt welchem Grenzwert entspricht.

Welchen Verlauf erwarten Sie für die Ortskurve der Impedanz zwischen den beiden Grenzwerten? Nimmt der Blindwiderstand irgendwo ein Maximum oder ein Minimum an?

f. Zeichnen Sie die Ortskurve der Impedanz für den gesamten Frequenzbereich. (*Hinweis:* Verwenden Sie das Ergebnis aus der Vorlesung oder einem Lehrbuch, wie Geraden, die nicht durch den Ursprung gehen, bei der Inversion transformiert werden.)

g. Entnehmen Sie Ihrem Diagramm, wie sich Wirk- und Blindwiderstand der Parallelschaltung ändern, wenn die Frequenz von dem oben angenommenen Wert ($\omega = 3000\,\text{s}^{-1}$) ausgehend geringfügig erhöht wird.

Vergleichen Sie Ihre Antworten mit denjenigen, die Sie in Abschnitt 1.4 im Tutorial *Impedanz und Admittanz* gegeben haben.

h. Bestimmen Sie die Werte von Wirk- und Blindwiderstand sowie des Scheinwiderstandes (d. h. des Betrags der Impedanz) bei der Frequenz, bei welcher der Blindwiderstand ein Minimum annimmt. (*Hinweis:* Um diese Frage zu beantworten, brauchen Sie die zugehörige Frequenz *nicht* zu bestimmen. Verwenden Sie stattdessen geometrische Überlegungen. Sie werden in den Übungen zu diesem Tutorial die Möglichkeit haben, diese Frequenz zu bestimmen.)

Welchen Wert nimmt die Phasenverschiebung zwischen Strom und Spannung bei dieser Frequenz an? Begründen Sie.

2.3 Vergleich verschiedener Schaltungen anhand ihrer Ortskurven

Im Tutorial *Impedanz und Admittanz* haben Sie eine Reihenschaltung (aus einem Widerstand R_R und einer Kapazität C_R) betrachtet, welche bei der gegebenen Frequenz ($\omega = 3000\,\text{s}^{-1}$) die gleiche Impedanz hatte wie die hier betrachtete Parallelschaltung.

a. Bestimmen Sie die Grenzwerte der Impedanz dieser Reihenschaltung in Abhängigkeit von R_R und C_R

- bei sehr niedrigen Frequenzen ($\omega \to 0$),
- bei sehr hohen Frequenzen ($\omega \to \infty$).

b. Welchen generellen Verlauf nimmt die Ortskurve der Impedanz für die Reihenschaltung?

c. Bei welchen Werten von Wirk- und Blindwiderstand müssen sich die beiden Ortskurven (die der Reihenschaltung und die der Parallelschaltung) schneiden?

Entspricht dieser Schnittpunkt bei beiden Kurven der gleichen Frequenz? Begründen Sie.

d. Fügen Sie nun Ihrem Diagramm in Abschnitt 2.2 die Ortskurve der Impedanz für die *Reihenschaltung* hinzu. Geben Sie auch hierfür die Richtung zunehmender Frequenz an.

e. Was lässt sich aus den beiden Graphen bezüglich des Werts des Widerstands R_R folgern, der in der Reihenschaltung verwendet wird, im Vergleich zum Wert R_P in der Parallelschaltung? Vergleichen Sie Ihre Antwort mit Ihrem Ergebnis im Tutorial *Impedanz und Admittanz*.

ÜBUNG — ORTSKURVEN

1. Verallgemeinern Sie Ihre Ergebnisse zur grafischen Transformation zwischen Impedanz und Admittanz.

   a. Welcher Zusammenhang besteht zwischen

      - den Längen (Beträgen) der Vektoren für $\underline{Z}$ und $\underline{Y}$,

      - den Winkeln (Argumenten) der Vektoren für $\underline{Z}$ und $\underline{Y}$?

   b. Geben Sie die Gestalt der transformierten Ortskurve an, wenn die Ortskurve der Ausgangsgröße folgende Gestalt hat:

      - eine vertikale Halbgerade mit positiven Imaginärteilen,

      - eine vertikale Halbgerade mit negativen Imaginärteilen,

      - ein Halbkreis mit Beginn und Ende auf der reellen Achse und positiven Imaginärteilen,

      - ein Halbkreis mit Beginn und Ende auf der reellen Achse und negativen Imaginärteilen.

2. Bestimmen Sie einen algebraischen Ausdruck für die Frequenz, bei welcher der Blindwiderstand der Parallelschaltung im Tutorial ein Minimum (bzw. betragsmäßig ein Maximum) annimmt.

   Bestimmen Sie nun die zugehörigen Werte für Wirk- und Blindwiderstand und vergleichen Sie sie mit Ihren Ergebnissen im Tutorial.

ORTSKURVEN – ÜBUNG

3. Betrachten Sie das rechts abgebildete Netzwerk aus einem Widerstand R, einer Induktivität L und einer Kapazität C.

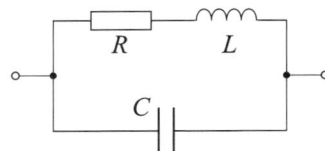

    a. Skizzieren Sie zunächst die Ortskurve der Impedanz der Reihenschaltung aus R und L.

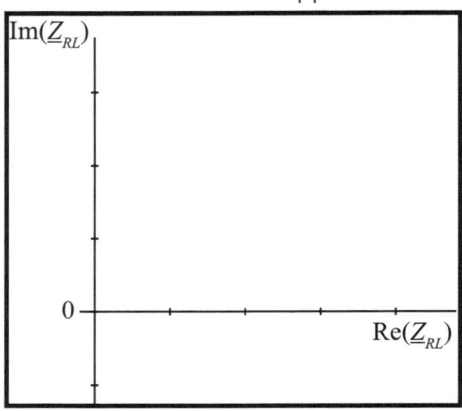

    b. Skizzieren Sie nun die Ortskurve der Admittanz der Reihenschaltung aus R und L.

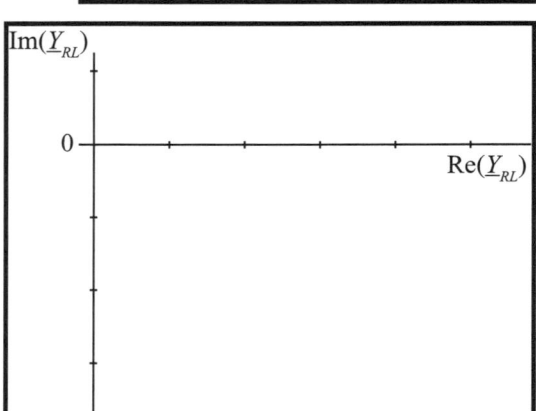

    c. Wie könnte sich die Ortskurve der Admittanz ändern, wenn die Kapazität in Parallelschaltung hinzugefügt wird?
    Sind mehrere qualitativ unterschiedliche Fälle vorstellbar?

    d. Lösen Sie die Aufgabe analytisch, d. h. bestimmen Sie einen algebraischen Ausdruck für Real- und Imaginärteil der Admittanz des Netzwerks. Unterscheiden Sie hierbei die verschiedenen möglichen Fälle.

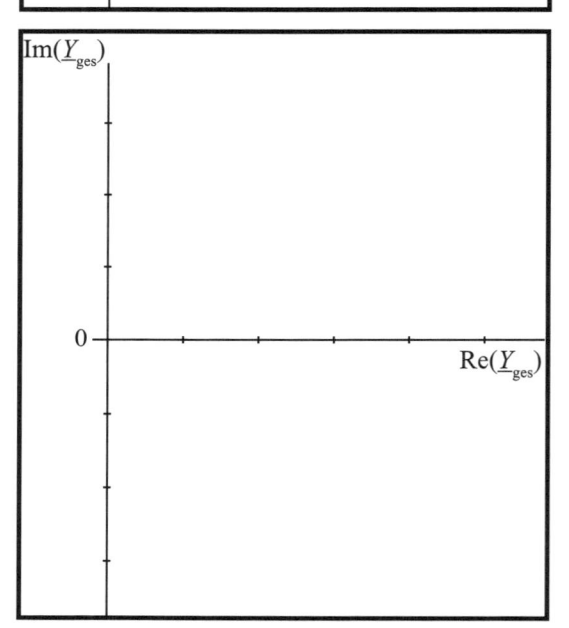

Versuchen Sie, durch analytische Betrachtung jeweils die Steigung der Tangente an die Ortskurve im Punkt $\omega = 0$ zu bestimmen, und korrigieren Sie ggf. Ihre Skizzen.

1 Leistung im Zeitbereich

1.1 Strom, Spannung und Leistung

An einem unbekannten Netzwerk A treten ein Strom $i(t)$ und eine Spannung $u(t)$ auf. Der zeitliche Verlauf der beiden Größen ist im Diagramm unten dargestellt.

a. Geben Sie einen *allgemeinen* Ausdruck für die Momentanleistung $p(t)$ in Abhängigkeit von $i(t)$ und $u(t)$ an.

b. Kennzeichnen Sie im Diagramm die Zeitpunkte, an denen die Momentanleistung gleich Null ist.

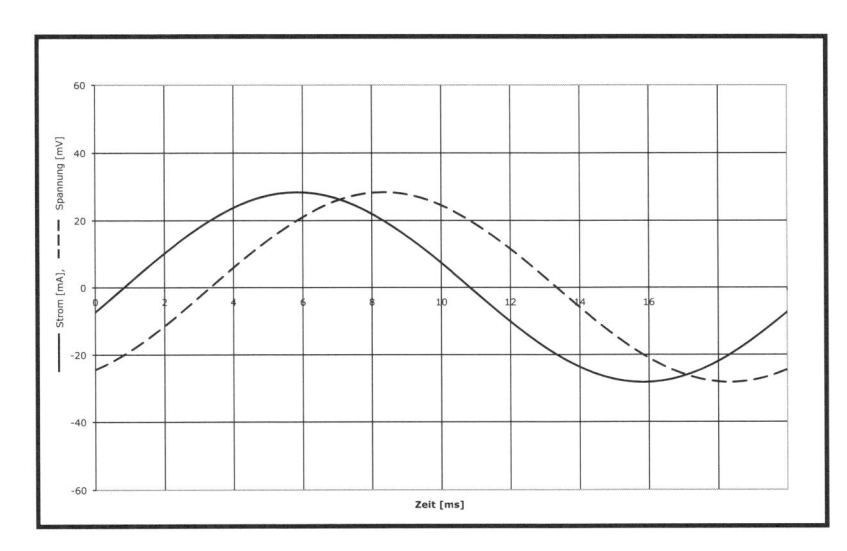

c. Markieren Sie die Zeitintervalle, während derer dem Netzwerk A elektrische Energie *zugeführt* wird.

d. Markieren Sie die Zeitintervalle, während derer die Leistung einen negativen Wert annimmt.

Wie ist eine negative Leistung zu interpretieren?

1.2 Grafische Darstellung der Momentanleistung

a. Skizzieren Sie den Verlauf der Momentanleistung im obigen Diagramm.

b. Ist die dem Netzwerk A über eine Zeitdauer von mehreren Perioden zugeführte Energie *positiv, negativ* oder *gleich Null?* Begründen Sie.

c. Entnehmen Sie dem Diagramm Näherungswerte für die

- maximale Leistung,

- minimale Leistung,

- mittlere Leistung.

d. Bestimmen Sie näherungsweise die Phasenverschiebung zwischen $i(t)$ und $u(t)$.

e. Welchen Wert müsste die Phasenverschiebung annehmen, damit die über eine Zeitdauer von mehreren Perioden zugeführte Energie gleich Null wäre? Begründen Sie.

Bei welchen Schaltungselementen tritt dieser Wert der Phasenverschiebung auf?

1.3 Algebraische Darstellung der Momentanleistung

Der Strom und die Spannung an Netzwerk A haben die allgemeine Form $i(t) = \sqrt{2} \cdot I_{\text{eff}} \cos(\omega t + \varphi_I)$ und $v(t) = \sqrt{2} \cdot V_{\text{eff}} \cos(\omega t + \varphi_V)$.

a. Geben Sie einen mathematischen Ausdruck für die von Netzwerk A aufgenommene Momentanleistung $p(t)$ an.

b. Stellen Sie mithilfe des folgenden Ergebnisses aus der Trigonometrie:

$$\cos x \cdot \cos y = \frac{1}{2}\big(\cos(x+y) + \cos(x-y)\big)$$

die Leistung als Summe eines zeitabhängigen und eines zeitunabhängigen Terms dar.

c. Bestimmen Sie die mittlere Leistung, d. h. den zeitlichen Mittelwert des obigen Ausdrucks. (*Hinweis:* Achten Sie darauf, dass Sie alle Faktoren $2, \sqrt{2}, \frac{1}{2}$ usw. berücksichtigt haben.)

Überprüfen Sie Ihr Ergebnis anhand der Werte, die Sie dem Diagramm oben entnommen haben.

d. Beantworten Sie die folgenden Fragen anhand Ihres Ergebnisses in Teil c.

- Welchen Wert kann die mittlere Leistung bei beliebigen Werten von φ_I und φ_V maximal annehmen?

Was muss in diesem Fall für die beiden Phasenwinkel gelten?

- Kann die mittlere Leistung Null werden? Wenn ja, geben Sie die Bedingungen dafür an.

- Kann die mittlere Leistung negativ werden? Wenn ja, geben Sie die Bedingungen dafür an.

> Das Produkt aus V_eff und I_eff wird als *Scheinleistung* bezeichnet. Der Quotient aus der mittleren Leistung und der Scheinleistung heißt *Leistungsfaktor*.

e. Markieren Sie in Ihrem Ergebnis in Teil c den Term, der den Leistungsfaktor darstellt.

2 Komplexe Leistung

2.1 Definition

Die Größe $\underline{S} = \underline{V} \cdot \underline{I}^*$ wird als *komplexe Leistung* bezeichnet.

a. Welcher Anteil der komplexen Leistung, ihr *Realteil*, ihr *Imaginärteil* oder ihr *Absolutbetrag*, entspricht der mittleren Leistung?

b. Skizzieren Sie den Zeiger für die komplexe Leistung an Netzwerk A anhand der Werte, die Sie dem Diagramm oben entnommen haben.

Markieren Sie die Scheinleistung und die mittlere Leistung im Zeigerdiagramm.

Welcher Zusammenhang besteht zwischen dem Winkel, den $\underline{S}$ mit der reellen Achse einschließt, und den Phasenwinkeln φ_I und φ_V?

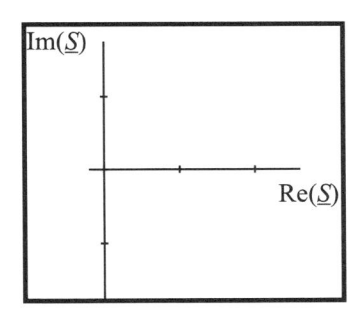

c. Erläutern Sie, warum in der Definition der komplexen Leistung das konjugiert Komplexe des Stromzeigers ($\underline{I}^*$) anstatt des Stromzeigers ($\underline{I}$) verwendet wird.

d. In der Literatur zur Elektrotechnik findet sich zuweilen der Hinweis, dass die komplexe Leistung $\underline{S}$ nicht in gleicher Weise mit der zeitabhängigen Leistung $p(t)$ verknüpft ist, wie dies für Strom und Spannung der Fall ist. Erläutern Sie diese Aussage.

> Wie Sie in Teil 2.1.a gesehen haben, beschreibt der Realteil von $\underline{S}$ die mittlere Leistung, also die gemittelte Rate der Energieübertragung an die Last. Diese Größe wird auch als *Wirkleistung* bezeichnet. Der Imaginärteil der komplexen Leistung beschreibt den zeitabhängigen Anteil der Momentanleistung mit Mittelwert Null. Diese Größe wird als *Blindleistung* bezeichnet.

2.2 *Leistung und Impedanz*

a. Skizzieren Sie die Impedanz $\underline{Z}$ in der komplexen Ebene. Welcher Zusammenhang besteht zwischen dem Winkel, den $\underline{Z}$ mit der reellen Achse einschließt, und den Phasenwinkeln φ_I und φ_V?

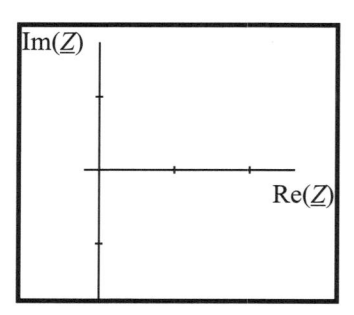

b. Bestimmen Sie den Quotienten $\underline{S}/\underline{Z}$.

Ist dieser Quotient *reell, rein imaginär* oder *komplexwertig*?

Ist Ihre Antwort mit den Ergebnissen in den Teilen 2.1.c und 2.2.a vereinbar?

ÜBUNG: LEISTUNG IN WECHSELSTROMNETZWERKEN

1. In der rechts dargestellten Schaltung sind die Impedanzen der Induktivität und der Kapazität bei der gegebenen Frequenz dem Betrag nach gleich.

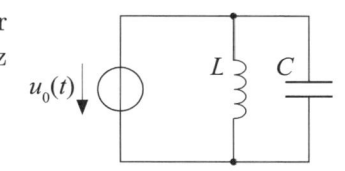

    a. Skizzieren Sie im oberen Diagramm die zeitliche Abhängigkeit von Strom, Spannung und Leistung bei der Induktivität.

    b. Skizzieren Sie im unteren Diagramm die zeitliche Abhängigkeit von Strom, Spannung und Leistung bei der Kapazität.

    Welche der drei Größen stimmt mit der entsprechenden Größe bei der Induktivität überein?

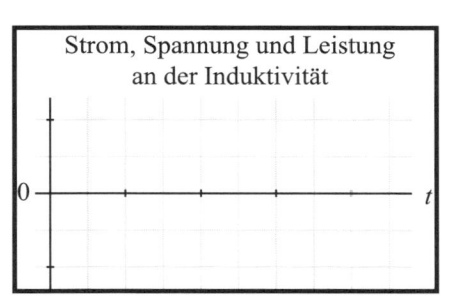

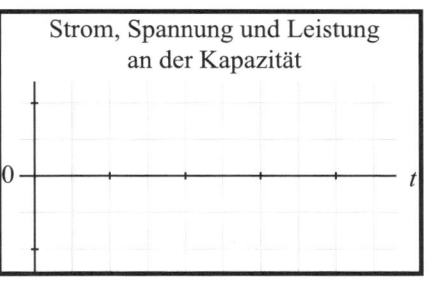

    c. Vergleichen Sie die Zeitabhängigkeit der Leistung in den beiden Fällen. Welchen Zusammenhang können Sie feststellen?

    d. Erläutern Sie anhand der *physikalischen Eigenschaften* der Schaltungselemente, warum eine positive Leistung im einen Fall beim betragsmäßigen Ansteigen des Stroms, im anderen beim betragsmäßigen Ansteigen der Spannung auftritt.

Tutorien zur Elektrotechnik
Christian H. Kautz

TEIL IV

Anwendungen der Wechselstromtechnik

Blindleistungskompensation	129
Tutorial	129
Übung	133
Schwingkreise	135
Tutorial	135
Übung	139
Bode-Diagramme	141
Tutorial	141
Übung	145
Dreiphasensysteme	147
Tutorial	147
Übung	153
Transformatoren und Übertrager	155
Tutorial	155
Übung	161

1 Die Notwendigkeit der Blindleistungskompensation

Viele Haushaltsgeräte oder Maschinen lassen sich durch eine teilweise induktive Last, also ein Schaltungselement $\underline{Z}$ mit $\text{Im}\{\underline{Z}\} > 0$ beschreiben. Erläutern Sie zunächst, warum dies der Fall ist.

Eine bestimmte Last soll eine mittlere Leistung P_{Last} bei der vorgegebenen Spannung U_0 aufnehmen. Es stehen zwei verschiedene Geräte zur Verfügung, welche diese Bedingungen erfüllen: Gerät A mit einem Leistungsfaktor von $\cos\phi_A = 1.0$ und Gerät B mit einem Leistungsfaktor von $\cos\phi_B = 0.8$ (induktiv).

1.1 Blindleistung ohne Leitungsverluste

Die beiden Geräte A und B werden nun jeweils an eine ideale Quelle mit Spannung U_0 angeschlossen. Alle Verbindungsleitungen sind widerstandsfrei.

a. Ist der Strom durch Gerät A, $\underline{I}_A$, vom Betrag *größer, kleiner* oder *gleich* dem Strom durch Gerät B, $\underline{I}_B$? Begründen Sie.

b. Ist die Impedanz von Gerät A, $\underline{Z}_A$, vom Betrag *größer, kleiner* oder *gleich* der Impedanz von Gerät B, $\underline{Z}_B$? Begründen Sie.

c. Wenn eine beliebige Last direkt an eine ideale Spannungsquelle angeschlossen ist, welcher Zusammenhang besteht dann zwischen der von der Quelle abgegebenen und der von der Last aufgenommenen Wirkleistung? (*Hinweis:* Begründen Sie Ihre Antwort anhand der auftretenden Ströme und Spannungen. Skizzieren Sie, falls nötig, ein entsprechendes Schaltbild.)

d. Ist die von der Quelle der Schaltung *zugeführte* Wirkleistung im Fall A *größer, kleiner* oder *gleich* der im Fall B? Begründen Sie.

e. Ist eines der beiden Geräte aus wirtschaftlichen Gründen vorteilhafter, wenn vorausgesetzt werden kann, dass die Quelle ideal ist und keine Leitungsverluste auftreten? Wenn ja, welches? Begründen Sie.

1.2 Blindleistung mit Leitungsverlusten

Dieselben beiden Geräte werden nun jeweils an eine *nicht-ideale* Quelle angeschlossen und bilden mit dieser die Schaltungen A und B. Nehmen Sie an, dass der Innenwiderstand der beiden identischen Quellen rein resistiv und im Vergleich zu den Lastimpedanzen klein ist. Die Quellenspannung soll jeweils so angepasst werden, dass die Spannung an der Last jeweils wieder den Betrag U_0 hat und damit von den Lasten gleiche Wirkleistungen wie zuvor aufgenommen werden.

a. Ist der Strom durch Gerät A, $\underline{I}_A$, vom Betrag *größer, kleiner* oder *gleich* dem Strom durch Gerät B, $\underline{I}_B$? Begründen Sie.

b. Ist die Verlustleistung, die am Innenwiderstand von Schaltung A dissipiert wird, *größer, kleiner* oder *gleich* der Verlustleistung am Innenwiderstand von Schaltung B? Begründen Sie.

c. Ist in diesem Fall eines der beiden Geräte aus wirtschaftlichen Gründen vorteilhafter? Wenn ja, welches? Begründen Sie.

2 Anwendung der Blindleistungskompensation

2.1 *Bestimmung der Blindleistung*

a. Ist die Last B zugeführte Blindleistung *positiv, negativ* oder *gleich Null*? Erläutern Sie, woran Sie dies feststellen können.

b. Bestimmen Sie diese Blindleistung in Abhängigkeit von der Wirkleistung, die von Last B aufgenommen wird.

2.2 *Hinzufügen eines Schaltungselements*

Ein weiteres Schaltungselement X soll nun parallel zu Last B geschaltet werden, um die negativen Auswirkungen des gegenüber A verringerten Leistungsfaktors zu vermeiden. Nehmen Sie erneut zunächst an, dass die Quelle ideal ist.

a. Skizzieren Sie ein Schaltbild für die um das Element X erweiterte Schaltung.

b. Welchen Wert sollte die Wirkleistung des hinzugefügten Schaltungselements besitzen, so dass von der Quelle keine zusätzliche Energie in die Schaltung eingeführt werden muss?

Welchen Wert muss die Blindleistung des hinzugefügten Schaltungselements besitzen, so dass der Leistungsfaktor für die gesamte Parallelschaltung den Wert 1 annimmt?

Welchen Wert hat der Leistungsfaktor $\cos \phi_X$ des hinzugefügten Schaltungselements?

c. Welche Art von Schaltungselement muss demnach hinzugefügt werden?

d. Bestimmen Sie die Impedanz des hinzugefügten Schaltungselementes in Abhängigkeit von U_0, P und $\cos\phi_B$.

e. Welcher Grenzwert ergibt sich für die Impedanz, wenn der Leistungsfaktor von Last B nicht wie oben angenommen 0,8, sondern bereits gleich 1 ist?

Entspricht dieses Ergebnis Ihrer Erwartung? Erläutern Sie Ihre Antwort.

f. Versuchen Sie, den Wert des hinzugefügten Schaltungselements (d. h. den Wert von R, L oder C) in Abhängigkeit von U_0, P und $\cos\phi_B$ zu bestimmen.

2.3 Betrachtung der Gesamtimpedanz

Angenommen, Last B besteht aus der Reihenschaltung eines Widerstandes R und einer Induktivität L. Zur Blindleistungskompensation wird parallel zur Last B eine Kapazität mit dem Wert $C = \frac{L}{R^2 + \omega^2 L^2}$ geschaltet.

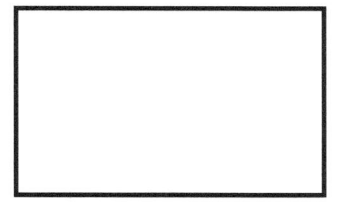

a. Skizzieren Sie ein Schaltbild für die Schaltung aus Quelle, Last (bestehend aus R und L) und Parallelkapazität C.

b. Überprüfen Sie, ob der obige Ausdruck für C beim Einsetzen von Werten zu einem Ergebnis mit der richtigen Einheit (d. h. der einer Kapazität) führt.

c. Bestimmen Sie die Admittanz der Parallelschaltung aus Last B und der Kapazität.

d. Interpretieren Sie das Ergebnis in Teil c. Welchen Wert hat der Leistungsfaktor für die Parallelschaltung? Entspricht dies Ihrer Erwartung? Begründen Sie.

e. Hängt die Admittanz der Parallelschaltung von der Frequenz ab?

Hängt der Leistungsfaktor von der Frequenz ab?

f. Überzeugen Sie sich davon, dass der obige Ausdruck für C mit dem in Teil 2.2.f übereinstimmt.

2.4 *Vergleich von kompensierter und unkompensierter Schaltung*

a. Vergleichen Sie die Leistung (sowohl Wirkleistung als auch Blindleistung) an Last B in den beiden Schaltungen.

b. Vergleichen Sie die Leistung (sowohl Wirkleistung als auch Blindleistung) an der Parallelschaltung (bei Blindleistungskompensation) mit der an Last B in der unkompensierten Schaltung.

c. Ist der Strom durch die Quelle in der kompensierten Schaltung *größer, kleiner* oder *gleich* dem Strom durch die Quelle in der unkompensierten Schaltung?

2.5 *Blindleistungskompensation bei Auftreten von Leitungsverlusten*

In den beiden Schaltungen (mit und ohne Blindleistungskompensation) tritt nun zusätzlich ein Innenwiderstand R_i der Quelle oder ein entsprechender Leitungswiderstand auf. R_i soll im Vergleich zur Lastimpedanz sehr klein sein. Die Quellenspannung wird geringfügig angepasst, so dass die Klemmenspannung an der Last jeweils wieder den Wert U_0 besitzt.

a. Ist die Leistung, die im Innenwiderstand der kompensierten Schaltung dissipiert wird, *größer, kleiner* oder *gleich* der entsprechenden Leistung im unkompensierten Fall? Begründen Sie Ihre Antwort.

b. Ist eine der beiden Schaltungen aus wirtschaftlichen Gründen vorteilhafter? Wenn ja, welche? Begründen Sie.

ÜBUNG: BLINDLEISTUNGSKOMPENSATION

1. Betrachten Sie noch einmal die Schaltung mit Blindleistungskompensation aus dem Tutorial.

    a. Ist die in der gesamten Schaltung umgesetzte Wirkleistung *größer, kleiner* oder *gleich* der am Widerstand R allein umgesetzten Leistung? Begründen Sie.

    b. Ist die in der gesamten Schaltung umgesetzte Wirkleistung *größer, kleiner* oder *gleich* der Leistung, die umgesetzt würde, wenn man als Last nur den Widerstand R an die gleiche Quellenspannung anschließen würde? Begründen Sie.

2. Betrachten Sie erneut die Ortskurven der Admittanz für das rechts abgebildete Netzwerk aus einem Widerstand R, einer Induktivität L und einer Kapazität C, die Sie in Aufgabe 3 der *Übungen* zum Tutorial *Ortskurven* gezeichnet haben.
   Da es sich im Prinzip um die gleiche Schaltung handelt wie die hier im *Tutorial* betrachtete Schaltung mit Blindleistungskompensation, muss einer der drei möglichen Fälle, die Sie dort unterschieden haben, der Ortskurve für die hier betrachtete Schaltung entsprechen.

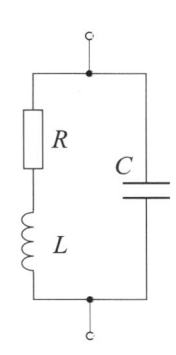

    a. Welcher der drei möglichen Fälle gibt die Ortskurve der Admittanz für die hier betrachtete Schaltung richtig wieder? Begründen Sie.

    Skizzieren Sie die passende Ortskurve im Diagramm rechts.

    b. Welcher Punkt auf der Ortskurve entspricht der Frequenz, für die Blindleistungskompensation erzielt wurde? Markieren Sie den Punkt im Diagramm rechts.

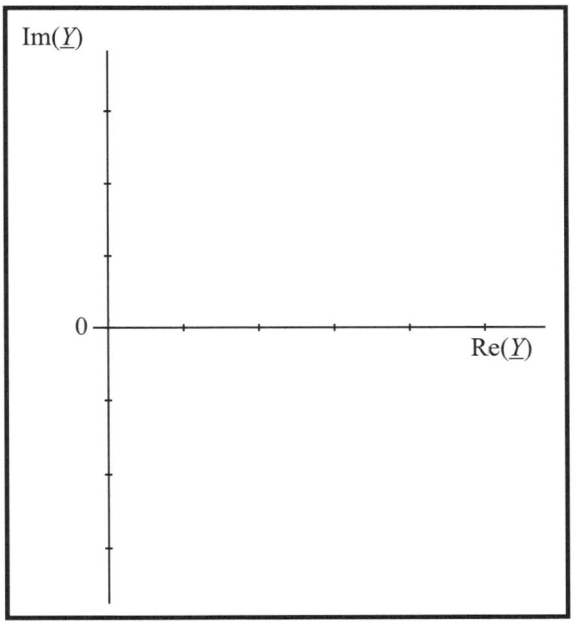

    c. Welches Verhalten der Schaltung (d. h. induktiv oder kapazitiv) erwarten Sie für Frequenzen unterhalb (bzw. oberhalb) der Frequenz, für die Blindleistungskompensation erzielt wurde?

    Gibt die Ortskurve dieses Verhalten gemäß Ihrer Erwartung wieder?

TUTORIAL SCHWINGKREISE

1 Reihenschwingkreis

1.1 *Impedanz und Strom*

Betrachten Sie eine Reihenschaltung aus einem Widerstand R, einer Induktivität L und einer Kapazität C, die an eine ideale Wechselspannungsquelle $\underline{U}_0$ angeschlossen ist.

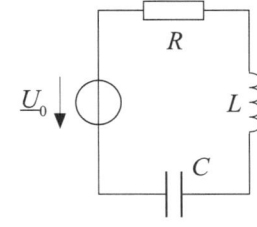

a. Bestimmen Sie die Impedanz der Reihenschaltung in Abhängigkeit von der Frequenz.

b. Skizzieren Sie die Ortskurve der Impedanz dieser Schaltung.

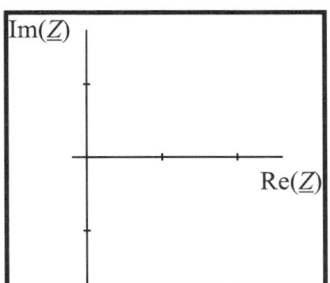

c. Geben Sie für die folgenden Grenzfälle die Grenzwerte der Impedanz an und erläutern Sie diese anhand der physikalischen Eigenschaften der einzelnen Schaltungselemente:

- sehr niedrige Frequenzen ($\omega \to 0$)

- sehr hohe Frequenzen ($\omega \to \infty$)

d. Betrachten Sie den Punkt in Ihrem Diagramm, an dem die Ortskurve die reelle Achse schneidet.
Was geschieht mit dem Imaginärteil der Impedanz, $\mathrm{Im}(\underline{Z}(\omega))$, an diesem Punkt?

Vergleichen Sie den Betrag der Impedanz $|\underline{Z}|$ an diesem Punkt mit dem an anderen Punkten auf der Ortskurve.

e. Was folgt aus Ihren Ergebnissen in Teil d für den Strom in dieser Schaltung?

f. Bestimmen Sie die Kreisfrequenz ω_0 an diesem Punkt in Abhängigkeit von R, L und C.

Die obige Schaltung ist ein Beispiel für einen Schwingkreis. Die Frequenz, die Sie bestimmt haben, wird als *Resonanzfrequenz* ω_0 dieses Schwingkreises bezeichnet. In anderen Schaltungen, die ähnliches Verhalten zeigen, treten die beiden Phänomene, Verschwinden des Imaginärteils und minimaler oder maximaler Betrag der Impedanz, nicht immer bei derselben Frequenz auf. Das Verschwinden des Imaginärteils der Impedanz (bzw. der Admittanz) wird häufig als *Resonanz* oder präziser als *Phasenresonanz* bezeichnet.

Tutorien zur Elektrotechnik
Christian H. Kautz

g. Lässt sich die Schaltung für den Fall der Resonanz vereinfachen, d. h. lassen sich die drei Schaltungselemente R, L und C durch ein einziges Element ersetzen, ohne die Gesamtimpedanz zu verändern?

h. Wie viele Schaltungselemente sind nötig, um bei einer bestimmten Frequenz ($\omega \neq \omega_0$) eine äquivalente Schaltung aufzubauen?

Um welche Schaltungselemente handelt es sich bei Frequenzen
- unterhalb der Resonanzfrequenz ($\omega < \omega_0$),

- oberhalb der Resonanzfrequenz ($\omega > \omega_0$)?

1.2 Wirk- und Blindwiderstand im Resonanzfall

a. Markieren Sie im Diagramm der Ortskurve mögliche Werte für die Einzelimpedanzen der drei Schaltungselemente bei Resonanz, also R, $jX_L(\omega_0)$ und $jX_C(\omega_0)$.

b. Angenommen, der Wert der Kapazität C wird nun vergrößert, während L konstant gehalten wird.
- Wie ändern sich X_L und X_C bei der Kreisfrequenz ω_0 (also der Resonanzfrequenz der ursprünglichen Schaltung)?

- Ist die Resonanzfrequenz ω_0' der veränderten Schaltung *größer, kleiner* oder *gleich* ω_0? Begründen Sie Ihre Antwort anhand des Verhaltens von Induktivitäten und Kapazitäten im Wechselstromkreis.

- Ließe sich durch Ändern der Induktivität L die Resonanzfrequenz wieder auf den Wert ω_0 zurückführen? Wenn ja, müsste der Wert von L vergrößert oder verringert werden? Begründen Sie Ihre Antwort erneut anhand des Verhaltens von Induktivitäten und Kapazitäten im Wechselstromkreis.

- Überprüfen Sie Ihre Antworten auf die vorigen beiden Fragen anhand der Formel für die Resonanzfrequenz.

c. Ist es möglich, den Blindwiderstand der Induktivität *bei Resonanz*, $jX_L(\omega_0)$, allein durch L und C auszudrücken? Wenn ja, geben Sie einen solchen Ausdruck an.

d. Bestimmen Sie den Quotienten aus dem Blindwiderstand *eines* der reaktiven Elemente *bei Resonanz* und dem Wirkwiderstand der Schaltung in Abhängigkeit von R, L und C.

Die Bedeutung dieses Quotienten soll in den folgenden Aufgaben deutlich werden.

1.3 Spannungen im Resonanzfall

a. Vergleichen Sie die Spannungen an der Induktivität und an der Kapazität bei Resonanz hinsichtlich ihrer Beträge und Phasen.

b. Vergleichen Sie die Spannung am Widerstand bei Resonanz mit der Quellenspannung hinsichtlich Betrag und Phase.

c. Bestimmen Sie den Quotienten aus den Effektivwerten der Spannungen an der Induktivität und der Quelle.

Ist dieser Quotient der gleiche wie der aus Blindwiderstand und Wirkwiderstand in Teil 1.2.d?

Die Größe, die Sie eben bestimmt haben, heißt *Güte* und wird häufig mit dem Symbol Q bezeichnet. Beachten Sie, dass wir deshalb für die Blindleistung das Symbol P_X verwenden, um eine Verwechslung der beiden Größen zu vermeiden.

1.4 Leistungen im Resonanzfall

a. Ist die Wirkleistung im Resonanzfall *minimal, maximal* oder *keines von beiden*?

b. Bestimmen Sie den Quotienten aus der Blindleistung an *einem* der reaktiven Elemente und der in der Schaltung umgesetzten Wirkleistung im Resonanzfall.

c. Erläutern Sie, warum dieser Quotient mit denen, die Sie in 1.2.d und 1.3.c gefunden haben, identisch ist.

Wie Sie gesehen haben, gibt es verschiedene Möglichkeiten, die Güte für einen einfachen Reihenschwingkreis zu definieren. Die Definition anhand der Leistungen (wie in Abschnitt 1.4 angedeutet) ist allgemeiner anwendbar und gilt auch für den Parallelschwingkreis.

1.5 Bandbreite

a. Betrachten Sie noch einmal die Ortskurve der Impedanz für die Reihenschaltung in Abschnitt 1.1. Markieren Sie alle Punkte im Diagramm, an denen der Realteil und der Imaginärteil der Impedanz dem Betrag nach gleich sind.
Welche Phasenverschiebungen zwischen Strom und Spannung entsprechen diesen Punkten?

b. Stellen Sie für jeden der beiden Punkte eine Gleichung auf, mithilfe derer Sie die zugehörige Frequenz bestimmen können.

Wie viele Lösungen besitzt jede der beiden Gleichungen? Wie viele von diesen sind physikalisch sinnvoll?

c. Bestimmen Sie den Quotienten aus dem Betrag des Stroms bei diesen beiden Frequenzen und dem bei Resonanz.

d. Bestimmen Sie den Quotienten aus der Wirkleistung bei diesen beiden Frequenzen und der bei Resonanz.

> Die beiden Frequenzen, die Sie bestimmt haben, werden häufig als *45°-Frequenzen* bezeichnet. Das Frequenzintervall zwischen den beiden Werten wird *Bandbreite* genannt.

e. Beschreiben Sie qualitativ, worin sich ein Schwingkreis mit *größerer* Bandbreite von einem mit *geringerer* unterscheidet.

f. Geben Sie einen algebraischen Ausdruck für die Bandbreite des Reihenschwingkreises an.

g. Zeigen Sie, dass das Verhältnis von Bandbreite zu Resonanzfrequenz gleich dem Inversen der Güte ist, die oben eingeführt wurde.

h. Erläutern Sie anhand der Ortskurve den qualitativen Zusammenhang zwischen Widerstand und Bandbreite.

2 Parallelschwingkreis

Skizzieren Sie eine Schaltung, in der die gleichen drei Schaltungselemente wie oben parallel miteinander verbunden sind. Bevor Sie diese Schaltung in den Übungen genauer untersuchen, versuchen Sie Ähnlichkeiten und Unterschiede zum Reihenschwingkreis festzustellen.
 Welches Frequenzverhalten erwarten Sie für diese Anordnung? Erwarten Sie auch hier das Auftreten von Resonanz? Wenn ja, wie unterscheidet sich das Verhalten der Parallelschaltung bei Resonanz von dem der Reihenschaltung?

ÜBUNG SCHWINGKREISE

1. Betrachten Sie eine Paralllelschaltung aus einem Widerstand R, einer Induktivität L und einer Kapazität C, die an eine ideale Wechselspannungsquelle $\underline{U}_0$ angeschlossen ist.

    a. Skizzieren Sie die Ortskurven für die Admittanz und die Impedanz dieser Schaltung.

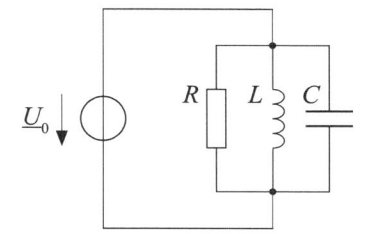

    b. Bestimmen Sie den Betrag und die Phase des Stromes bei

    - sehr niedrigen Frequenzen ($\omega \to 0$),

    - sehr hohen Frequenzen ($\omega \to \infty$),

    - der Resonanzfrequenz des zugehörigen *Reihenschwingkreises* ($\omega = \omega_0 = \frac{1}{\sqrt{LC}}$).

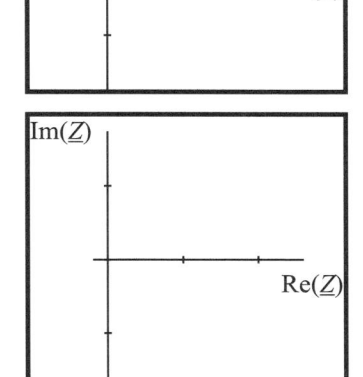

    c. Tritt bei gleichen Werten von R, L und C Phasenresonanz bei der gleichen Frequenz auf wie im Reihenschwingkreis?

    d. Bei welchen Frequenzen zeigt die Parallelschaltung *induktives* Verhalten, bei welchen *kapazitives*? Begründen Sie.

2. Vergleichen Sie die Güten von Reihen- und Parallelschwingkreis anhand der folgenden Fragen.

    a. Bestimmen Sie die Güte des Parallelschwingkreises, d. h. den Quotienten aus der Blindleistung in *einem* der reaktiven Elemente und der Wirkleistung in der gesamten Schaltung, in Abhängigkeit von R, L und C.

    b. Erläutern Sie anhand der entsprechenden Formeln für die Leistung, warum dieser Quotient das Inverse zu dem ist, den Sie für den Reihenschwingkreis gefunden haben. (*Hinweis:* Welche der beiden Größen $\underline{I}$ und $\underline{U}$ ist jeweils für alle drei Elemente gleich?)

    c. Alternativ könnte man die Güte für den Parallelschwingkreis auch als Quotient aus dem Effektivwert des Stroms durch *eines* der reaktiven Elemente und dem Gesamtstrom bei Resonanz definieren. Erläutern Sie, weshalb dieser Wert
    - größer als 1 sein kann,

    - mit zunehmendem Widerstand ansteigt.

    d. Beschreiben Sie, wie sich anhand der Ortskurve der Admittanz der qualitative Zusammenhang zwischen Widerstand und Bandbreite für den Parallelschwingkreis erklären lässt.

Tutorien zur Elektrotechnik
Christian H. Kautz

3. Eine andere Möglichkeit, einen Reihenschwingkreises modellhaft darzustellen, ist im Schaltbild rechts gezeigt.

   a. Geben Sie einen algebraischen Ausdruck für die Admittanz der Schaltung an.

   b. Zeigen Sie, dass der Imaginärteil der Admittanz in guter Näherung bei der gleichen Resonanzfrequenz verschwindet wie in der in Aufgabe 1 betrachteten Schaltung, wenn der Widerstand R genügend klein ist.

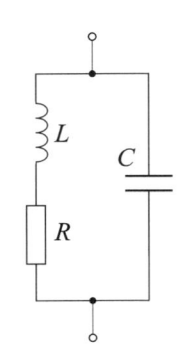

   Was bedeutet in diesem Zusammenhang „genügend klein"?

1 Übertragungsfunktionen

Betrachten Sie den rechts abgebildeten Schaltkreis aus einem RC-Parallelkreis in Reihe mit einem Widerstand. Beachten Sie, dass keine Spannungsquelle eingezeichnet ist. Es wurden jedoch eine Eingangsspannung ($\underline{U}_0$) und zwei Ausgangsspannungen ($\underline{U}_1, \underline{U}_2$) markiert.

Ziel dieses Arbeitsblattes ist es, die komplexwertigen Verhältnisse von Ausgangs- zu Eingangsspannungen (Übertragungsfunktionen) zu bestimmen und ihre Beträge grafisch darzustellen. Hierfür wird eine logarithmische Darstellung gewählt. Wir betrachten also Ausdrücke der Form:

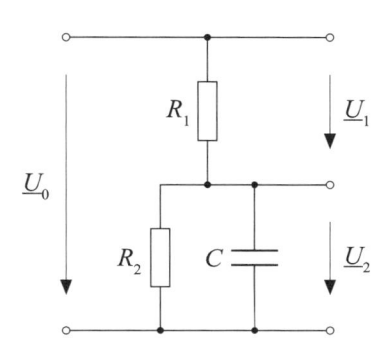

$$\underline{h}_i(\omega) = \frac{\underline{U}_i}{\underline{U}_0} \quad \text{und} \quad |\underline{h}_i(\omega)|_{\text{dB}} = 20 \cdot \log_{10}|\underline{h}_i(\omega)| \quad \text{mit } i = 1, 2.$$

1.1 Qualitative Betrachtung

a. Welche Grenzwerte erwarten Sie aufgrund des qualitativen Verhaltens des Kondensators (ohne Rechnung) für die Übertragungsfunktionen $\underline{h}_1(\omega)$ und $\underline{h}_2(\omega)$ bei

- sehr niedrigen Frequenzen ($\omega \to 0$),

- sehr hohen Frequenzen ($\omega \to \infty$)?

Begründen Sie Ihre Antworten.

b. Bestimmen Sie die Grenzwerte der Beträge der Übertragungsfunktionen auf der Dezibel-Skala $|\underline{h}_1(\omega)|_{\text{dB}}$ und $|\underline{h}_2(\omega)|_{\text{dB}}$ bei

- sehr niedrigen Frequenzen ($\omega \to 0$),

- sehr hohen Frequenzen ($\omega \to \infty$).

Geben Sie für die Fälle, in denen Sie als Antwort einen Ausdruck mit den Widerständen R_1 und R_2 angegeben haben, auch an, ob der Ausdruck *positiv*, *negativ* oder *gleich Null* ist.

c. Was kann man über die Kurven $|\underline{h}_1(\omega)|_{\text{dB}}$ und $|\underline{h}_2(\omega)|_{\text{dB}}$ bereits jetzt aussagen? (Eine grobe Skizze reicht aus.)

1.2 Quantitative Betrachtungen

a. Drücken Sie die Übertragungsfunktionen durch die komplexwertige Impedanz $\underline{Z}_{RC}$ des R_2C-Parallelkreises und die Widerstände R_1 und R_2 aus. (Die Schaltung ist rechts noch einmal dargestellt.)

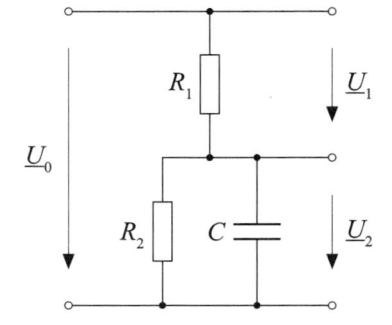

$$\underline{h}_1(\omega)_{\mathrm{dB}} = \frac{\underline{U}_1}{\underline{U}_0} =$$

$$\underline{h}_2(\omega)_{\mathrm{dB}} = \frac{\underline{U}_2}{\underline{U}_0} =$$

Die beiden Übertragungsfunktionen können durch Umformen in der folgenden Weise dargestellt werden:

$$\underline{h}_1(\omega) = \frac{R_1}{R_1 + R_2} \cdot \frac{1 + j\omega R_2 C}{1 + j\omega R_{12} C} \quad \text{mit } R_{12} = \frac{R_1 \cdot R_2}{R_1 + R_2}$$

$$\underline{h}_2(\omega) = \frac{R_2}{R_1 + R_2} \cdot \frac{1}{1 + j\omega R_{12} C}$$

b. Überprüfen Sie, ob diese Ausdrücke mit den von Ihnen in Abschnitt 1.1 gefundenen Grenzwerten vereinbar sind. (Sie sollten die genaue Herleitung der Ausdrücke nach Möglichkeit später selbst nachvollziehen.)

- für $\omega \to 0$

- für $\omega \to \infty$

c. Bestimmen Sie die Summe der beiden Funktionen $\underline{h}_1(\omega) + \underline{h}_2(\omega)$.

d. Für den Betrag von $\underline{h}_1$ in logarithmischer Darstellung wurden die folgenden vier Ausdrücke vorgeschlagen. Wählen Sie die richtige Antwort aus und begründen Sie.

$$|\underline{h}_1(\omega)|_{\mathrm{dB}} = 20\log_{10}\frac{R_1}{R_1+R_2} + 20\log_{10}(1+\omega^2 R_2^2 C^2) - 20\log_{10}(1+\omega^2 R_{12}^2 C^2)$$

$$|\underline{h}_1(\omega)|_{\mathrm{dB}} = \left(20\log_{10}\frac{R_1}{R_1+R_2}\right) \cdot \frac{10\log_{10}(1+\omega^2 R_2^2 C^2)}{10\log_{10}(1+\omega^2 R_{12}^2 C^2)}$$

$$|\underline{h}_1(\omega)|_{\mathrm{dB}} = 20\log_{10}\frac{R_1}{R_1+R_2} + 10\log_{10}(1+\omega^2 R_2^2 C^2) - 10\log_{10}(1+\omega^2 R_{12}^2 C^2)$$

$$|\underline{h}_1(\omega)|_{\mathrm{dB}} = 20\log_{10}\frac{R_1}{R_1+R_2} + 20\log_{10}(1+\omega R_2 C) - 20\log_{10}(1+\omega R_{12} C)$$

e. Geben Sie einen entsprechenden Ausdruck für $\underline{h}_2$ an.

$$|\underline{h}_2(\omega)|_{\mathrm{dB}} =$$

2 Näherungen und Bode-Diagramm

2.1 *Grenz- und Eckfrequenzen*

Verwenden Sie im Folgenden die Parameter $\omega_2 = (R_2 C)^{-1}$ und $\omega_{12} = (R_{12} C)^{-1}$.

a. Haben die Größen ω_2 und ω_{12} tatsächlich die Einheit einer Kreisfrequenz?

b. Ist eine der beiden Größen ω_2 oder ω_{12} immer größer als die andere (also unabhängig von den speziellen Werten von R_1 und R_2)? Begründen Sie.

2.2 *Näherungen*

Wir betrachten jetzt die Funktion $f(\omega) = -10 \log_{10}(1 + \omega^2/\omega_{12}^2)$. Wie Sie im obigen Beispiel gesehen haben, gehören Ausdrücke dieser Form zu den Grundbausteinen, aus denen Übertragungsfunktionen (in logarithmischer Darstellung der Beträge) zusammengesetzt sind.

a. Berechnen Sie den Term $f(\omega)$ für die angegebenen Werte von ω/ω_{12} und tragen Sie Ihre Ergebnisse in die nachstehende Tabelle ein. Tragen Sie ebenfalls die Werte des Ausdrucks $g(\omega) = -20 \log_{10}(\omega/\omega_{12})$ ein.

ω/ω_{12}	0.01	0.1	1	10	100
$f(\omega) = -10 \log_{10}(1 + \omega^2/\omega_{12}^2)$					
$g(\omega) = -20 \log_{10}(\omega/\omega_{12})$					

b. Für welche Werte von ω/ω_{12} ist $g(\omega)$ eine gute Näherung für $f(\omega)$?

Welche andere einfache Näherung lässt sich für $f(\omega)$ in dem Wertebereich von ω/ω_{12} angeben, in dem $g(\omega)$ sehr stark von $f(\omega)$ abweicht (also für $\omega/\omega_{12} < 1$)?

c. Zeichnen Sie $f(\omega)$ in das nachfolgende Diagramm in logarithmischer Darstellung ein. Zeichnen Sie auch die Näherungen in ihrem jeweiligen Gültigkeitsbereich ein. (*Hinweis:* Beide Näherungen lassen sich jeweils als Geraden darstellen.)

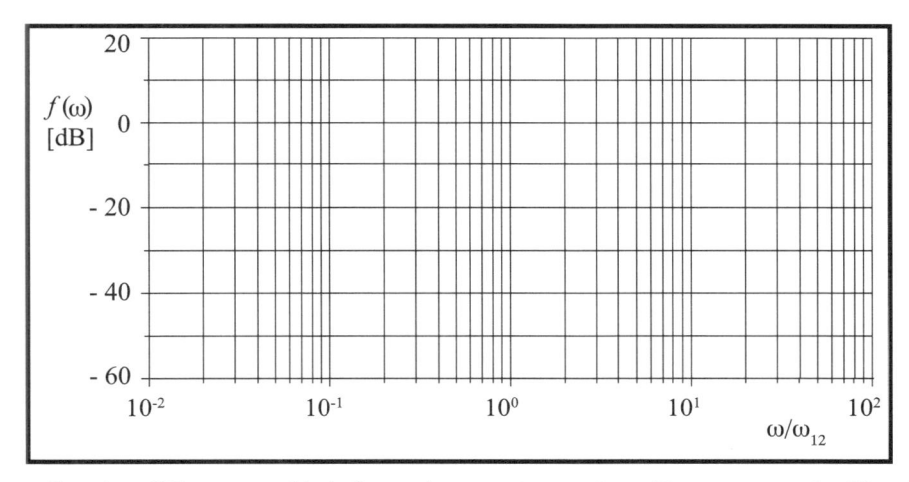

d. Lesen Sie den Wert von $f(\omega)$ für $\omega/\omega_{12} = 3$ aus dem Diagramm ab. Vergleichen Sie den Wert anschließend mit dem, den Sie durch Einsetzen in $f(\omega)$ erhalten.

e. Bei welchem Wert von ω/ω_{12} schneiden sich die beiden Näherungsgeraden aus 2.2.c?

Welchen Wert hat der exakte Ausdruck $f(\omega)$ bei dieser Frequenz, d. h. wie groß ist der Fehler der beiden Näherungen?

Der Term $|1/(1+j\omega/\omega_{12}|^2$ lässt sich auch als Verhältnis zweier Leistungen interpretieren.

f. Welchen Wert nimmt dieser Term für $\omega = \omega_{12}$ an?

Man bezeichnet deshalb im englischen Sprachgebrauch die entsprechende Frequenz im Bode-Diagramm oft als „*half-power frequency*". Im Deutschen werden häufig die Begriffe *Grenzfrequenz* oder *Eckfrequenz* verwendet.

2.3 *Grafische Darstellung der Übertragungsfunktionen*

a. Geben Sie in den drei aufgeführten Frequenzbereichen jeweils Näherungsausdrücke für die beiden Übertragungsfunktionen $|\underline{h}_1(\omega)|_{\text{dB}}$ und $|\underline{h}_2(\omega)|_{\text{dB}}$ an, indem Sie die für die einzelnen Terme zutreffende Näherung verwenden (mit ω_2 und ω_{12}, wie in Abschnitt 2.1 definiert).

- $\omega < \omega_2$ und $\omega < \omega_{12}$

$|\underline{h}_1(\omega)|_{\text{dB}} =$

$|\underline{h}_2(\omega)|_{\text{dB}} =$

- ω zwischen ω_2 und ω_{12}

$|\underline{h}_1(\omega)|_{\text{dB}} =$

$|\underline{h}_2(\omega)|_{\text{dB}} =$

- $\omega > \omega_2$ und $\omega > \omega_{12}$

$|\underline{h}_1(\omega)|_{\text{dB}} =$

$|\underline{h}_2(\omega)|_{\text{dB}} =$

b. Zeichnen Sie die Näherungen für die Beträge der beiden Übertragungsfunktionen im nachstehenden Diagramm als Funktion der Kreisfrequenz ω in logarithmischer Darstellung ein. Verwenden Sie die Werte: $R_1 = 2\,\Omega$, $R_2 = 25\,\Omega$, $C = 10\,\mu\text{F}$.

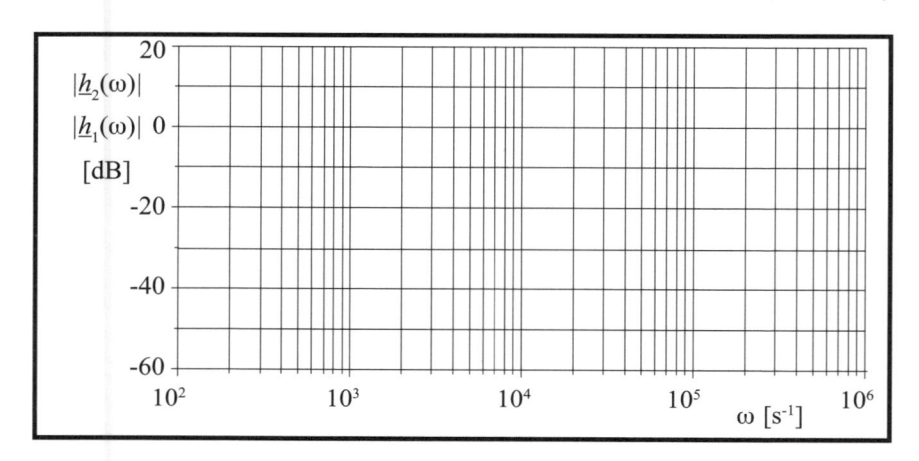

ÜBUNG BODE-DIAGRAMME

1. Durch Hinzuschalten einer Verstärkerstufe zu der Filterschaltung aus dem Tutorial wird die folgende neue Übertragungsfunktion erzielt:

$$\underline{h}_3(\omega) = 3{,}16 \cdot \frac{R_2}{R_1 + R_2} \cdot \frac{1}{1 + j\omega R_{12}C} \cdot \frac{1}{1 + j\omega/\omega_3} \quad \text{mit } \omega_3 = 2 \cdot 10^5 s^{-1}.$$

Die Werte für die beiden Widerstände und die Kapazität betragen wie zuvor $R_1 = 2\,\Omega$, $R_2 = 25\,\Omega$ und $C = 10\,\mu\text{F}$.

  a. Beschreiben Sie qualitativ, wie sich die Übertragungsfunktion $\underline{h}_3(\omega)$ von der betrachteten Funktion $\underline{h}_2(\omega)$ unterscheidet.

  b. Skizzieren und kennzeichnen Sie $|\underline{h}_3(\omega)|_{\text{dB}}$ farbig im Diagramm in Abschnitt 2.3 des Tutorials.

2. Aus der ursprünglichen Schaltung im Tutorial wird der Widerstand R_2 entfernt.

  a. Bestimmen Sie mithilfe einer qualitativen Betrachtung die Grenzwerte der veränderten Übertragungsfunktionen $\underline{h}_1(\omega)$ und $\underline{h}_2(\omega)$ bei

  - sehr niedrigen Frequenzen ($\omega \to 0$),
  - sehr hohen Frequenzen ($\omega \to \infty$).

  b. Wie muss R_2 in der ursprünglichen Schaltung verändert werden, um im Grenzfall die hier dargestellte Schaltung zu ergeben?

  Betrachten Sie die in Teil 1.2 des Tutorials gegebenen Ausdrücke für die Übertragungsfunktionen $\underline{h}_1(\omega)$ und $\underline{h}_2(\omega)$. Stimmen die Grenzwerte dieser Ausdrücke (bei entsprechend gewähltem R_2) mit Ihren Ergebnissen hier überein?

  c. Geben Sie die Beträge der beiden Übertragungsfunktionen $\underline{h}_1(\omega)$ und $\underline{h}_2(\omega)$ in logarithmischer Darstellung an und skizzieren Sie deren Graphen.

  d. Einer der Terme in $|\underline{h}_1(\omega)|_{\text{dB}}$ hat eine andere Form als die im Tutorial betrachteten Terme. Wie äußert sich dies im Bode-Diagramm?

TUTORIAL DREIPHASENSYSTEME

1 Ströme und Spannungen in Dreiphasensystemen

Drei Wechselspannungsquellen gleichen Betrags werden so geschaltet, dass jeweils eine Klemme jeder Quelle auf gleichem Potential (am Knoten N) ist. Die jeweils andere Klemme der drei Quellen wird mit A bzw. B oder C bezeichnet. Soweit nicht anders angegeben, sollen Leitungswiderstände vernachlässigt werden.

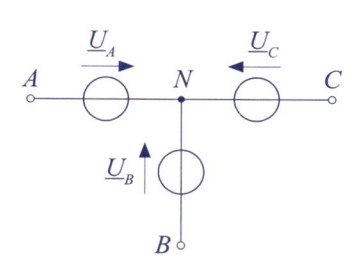

1.1 Quellen

a. Wie müssen die Phasen der drei Quellen gewählt werden, damit der Phasenunterschied zwischen zwei beliebigen Quellen jeweils den gleichen Betrag hat?
Geben Sie die noch fehlenden Spannungen an und tragen Sie die Zeiger in das Diagramm rechts ein.

$\underline{U}_A = 7\,\text{V} \cdot e^{j \cdot 0°}$

$\underline{U}_B =$

$\underline{U}_C =$

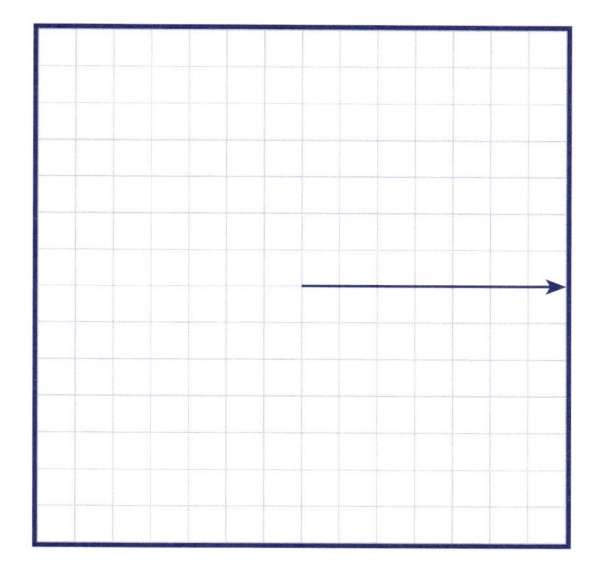

b. Zeichnen Sie den Spannungszeiger für die Spannung $\underline{U}_{AB}$ zwischen den Klemmen A und B in das Zeigerdiagramm ein. Verwenden Sie dabei die Konvention, nach der $\underline{U}_{AB} = \underline{U}_A - \underline{U}_B$ gilt.

c. Bestimmen Sie mithilfe geometrischer Überlegungen Betrag und Phase von $\underline{U}_{AB}$.

d. Zeichnen Sie entsprechend auch die Spannungszeiger für $\underline{U}_{BC}$ und $\underline{U}_{CA}$ ein und bestimmen Sie deren Phasen. Beachten Sie auch hier die Richtungen der Pfeile.

> Die Spannungen $\underline{U}_A$, $\underline{U}_B$ und $\underline{U}_C$ werden als *Sternspannungen*, die Spannungen $\underline{U}_{AB}$, $\underline{U}_{BC}$ und $\underline{U}_{CA}$ als *Außenleiter-* oder *Dreieckspannungen* bezeichnet.

e. Welchen Wert hat das Verhältnis der Beträge der Außenleiterspannungen zu den Beträgen der Sternspannungen? Welche Spannungen sind vom Betrag her größer?

1.2 Symmetrische Last in Sternschaltung

Drei Widerstände ($R_1 = R_2 = R_3 = 35\,\Omega$) werden so geschaltet, dass sie einen Knoten X gemeinsam haben. Punkt X ist durch den *Neutralleiter* mit Punkt N (im Schaltbild oben) verbunden. Die übrigen drei Klemmen der Widerstände sind durch die drei *Außenleiter* mit den Punkten A, B und C verbunden.

a. Skizzieren Sie rechts ein Schaltbild mit allen Quellen und Lasten.

b. Welche Spannungen liegen an den drei Lastwiderständen an?

   Sind diese Spannungen in Ihrem Zeigerdiagramm in Abschnitt 1.1 bereits enthalten? Wenn ja, welche Zeiger sind dies?

c. Bestimmen Sie die Beträge und Phasen der Ströme $\underline{I}_1$, $\underline{I}_2$ und $\underline{I}_3$ in den drei Lastwiderständen und skizzieren Sie diese in einem Zeigerdiagramm.

d. Vergleichen Sie das Zeigerdiagramm für die Ströme mit dem für die Spannungen. Welche Zeiger haben gleiche Phasen?

e. Sind in der vorliegenden Schaltung die Außenleiterströme von Betrag und Phase gleich den Strangströmen (d. h. den Strömen in den Lastwiderständen)? Sind die Außenleiterströme gleich den Strömen in den Quellen?

f. Bei einer symmetrischen Last in Sternschaltung kann der Neutralleiter, also die Verbindung zwischen den Klemmen N und X, entfernt werden, ohne die Ströme und Spannungen im System zu verändern. Erklären Sie, warum dies so ist.

g. Würde diese Behauptung auch gelten, wenn jeder der drei Widerstände durch eine Reihenschaltung aus einem Widerstand und einer Induktivität ersetzt würde, so dass jeder Strang die gleiche Impedanz hat und der Betrag dieser Impedanz wie zuvor $35\,\Omega$ beträgt? Begründen Sie Ihre Antwort anhand eines Zeigerdiagramms.

h. Betrachten Sie folgenden Dialog zwischen mehreren Studierenden.

George: *„Da die Punkte N und X auf gleichem Potential liegen, kann man den Leiter zwischen den beiden Punkten entfernen."*

Nikola: *„Das kann nicht der Grund sein. Zwei beliebige Punkte, die mit einem Leiter verbunden sind, haben immer gleiches Potential. Die Verbindung kann man nur dann lösen, wenn kein Strom durch den Leiter fließt."*

Thomas: *„Moment! Das liegt doch daran, dass sich die drei Quellenspannungen vektoriell zu Null addieren."*

Welchen der Aussagen stimmen Sie zu? Welche halten Sie für bedenklich? Begründen Sie Ihre Antwort.

1.3 *Symmetrische Last in Dreieckschaltung*

Die gleichen drei Widerstände wie in Abschnitt 1.2 werden nun in der Form eines Dreiecks zusammengeschaltet. Jeder Knoten wird dann mit einer der Klemmen A, B oder C der drei Spannungsquellen verbunden. Es besteht keine leitende Verbindung zu Punkt N.

a. Skizzieren Sie rechts ein Schaltbild mit allen Quellen und Lasten.

b. Welche Spannungen liegen an den drei Lastwiderständen an?

Sind diese Spannungen in Ihrem Zeigerdiagramm in Abschnitt 1.1 bereits enthalten? Wenn ja, welche Zeiger sind dies?

c. Bestimmen Sie die Beträge und Phasen der Strangströme $\underline{I}'_1$, $\underline{I}'_2$ und $\underline{I}'_3$ in den drei Lastwiderständen und skizzieren Sie diese in einem Zeigerdiagramm.

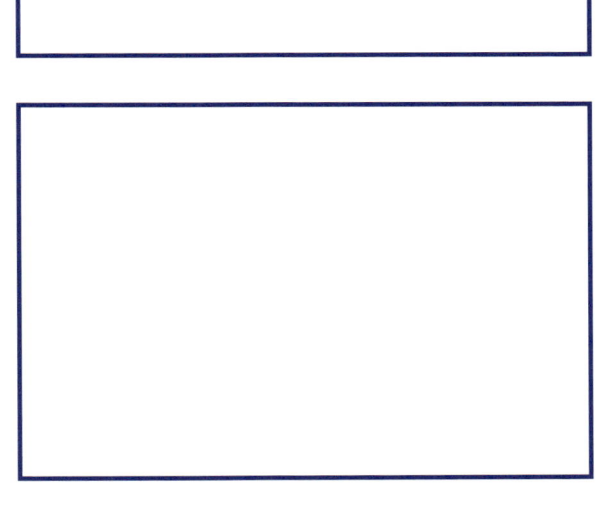

d. Bestimmen Sie die Beträge der Außenleiterströme.

Vergleichen Sie die Beträge der Außenleiterströme mit denen der Strangströme (d. h. der Ströme in den Lastwiderständen) in dieser Anordnung sowie mit den entsprechenden Strömen bei der Sternschaltung.

e. Welche Phasenverschiebung besteht zwischen Strom und Spannungen
   - auf der Quellenseite,
   - auf der Lastseite?

f. Bestimmen Sie das Verhältnis der in den Lastwiderständen umgesetzten Leistung in der Dreieckschaltung zu der in der Sternschaltung, die aus den *gleichen Widerständen* besteht.

g. Bestimmen Sie unabhängig von Ihrer vorigen Antwort das Verhältnis der in den Quellen erzeugten Leistung bei Dreieckschaltung (der Last) zu der bei Sternschaltung.

Vergleichen Sie Ihre Antworten für die Leistungen auf Last- und Quellenseite.

1.4 *Qualitative Betrachtung der nicht-symmetrischen Last mit Neutralleiter*

In der obigen Anordnung in Sternschaltung mit Neutralleiter (siehe Abschnitt 1.2) wird der Wert eines der drei Widerstände, z. B. R_1, erhöht.

a. Was passiert mit der Spannung an jedem der drei Lastwiderstände? Was passiert mit den Außenleiterspannungen?

b. Skizzieren Sie ein Zeigerdiagramm für die drei Außenleiterströme. Fließt im Neutralleiter in diesem Fall ein Strom?

c. Wie groß wäre der Strom im Neutralleiter, wenn der Widerstand R_1 unendlich groß würde?

d. Bei einem endlichen Wert von $R_1 > R_2 = R_3$ wird jetzt der Widerstand des Neutralleiters (von Null) erhöht. Was lässt sich in diesem Fall über die Potentiale der Punkte N und X aussagen?

2 Leistung

2.1 *Zeitabhängigkeit der Leistung*

a. Geben Sie einen Ausdruck für die Leistung in jedem der drei Lastwiderstände in Abschnitt 1.2 als Funktion der Zeit an.

b. Bestimmen Sie die gesamte an der Last abgegebene Leistung als Funktion der Zeit. (*Hinweis:* Verwenden Sie dazu Graphen von drei phasenverschobenen Kosinus-Quadrat-Funktionen.)

c. Unterscheidet sich Ihre Antwort von der für die Zeitabhängigkeit der Leistung in einem Einphasensystem? Wenn ja, welche praktischen Konsequenzen hat dies?

2.2 *Verluste und Wirkungsgrad*

Nehmen Sie an, die Leitungen (die Außenleiter und der Neutralleiter) haben einen geringen, aber von Null verschiedenen Widerstand, so dass die Spannungsabfälle über den Leitungen vernachlässigbar sind, die dort dissipierten Leistungen aber berechnet werden können. Wählen Sie für diesen Widerstand der Einfachheit halber den Wert $1\,\Omega$.

a. Berechnen Sie die in den einzelnen Leitungen dissipierten Leistungen sowie die Summe aller Verluste für den Fall der symmetrischen Last in Sternschaltung (wie in Abschnitt 1.2).

b. Würden die Verluste in den Leitungen *zunehmen*, *abnehmen* oder *gleich* bleiben, wenn die drei Lastwiderstände jeweils durch eine Reihenschaltung eines Widerstandes und einer Induktivität mit einer Gesamtimpedanz gleichen Betrages (also jeweils $35\,\Omega$ wie in Teil 1.2.e) ersetzt würden?

Ändert sich das Verhältnis der Summe der Verluste zur (Wirk-)Leistung an der Last? Wenn ja, wie?

c. Würden die Verluste in den Leitungen *zunehmen*, *abnehmen* oder *gleich* bleiben, (im Vergleich zu der symmetrischen, rein ohmschen Last in Teil a), wenn einer der Widerstände unendlich groß würde?

Ändert sich das Verhältnis der Summe der Verluste zur (Wirk-)Leistung an der Last? Wenn ja, wie?

d. Wie lässt sich mit den oben eingeführten Größen ein Wirkungsgrad für die Übertragung elektrischer Leistung definieren?

e. Welche beiden grundsätzlich verschiedenen Änderungen an einem Dreiphasensystem können also zur Verringerung des Wirkungsgrades führen?

ÜBUNG — DREIPHASENSYSTEME

1. In einem Dreiphasensystem mit Quellen und Lasten in Sternschaltung wird erneut der Wert eines der drei Lastwiderstände erhöht. Im Unterschied zur Situation in Abschnitt 1.4 im Tutorial ist jedoch diesmal kein Neutralleiter vorhanden.

    a. Welche der auftretenden Spannungen müssen in diesem Fall gleich bleiben und welche können sich ändern? (*Hinweis:* Ein Zeigerdiagramm, das alle Strang- und Außenleiterspannungen zeigt, ist hier hilfreich. Beachten Sie hierbei die Unterscheidung zwischen Quellen und Lasten.)

    b. Was würde sich für die Ströme ergeben, wenn alle Spannungen gleich blieben? Erläutern Sie anhand eines Zeigerdiagramms, warum dies nicht möglich ist.

    c. Zeigen Sie anhand von möglichen Zeigerdiagrammen für Spannungen und Ströme qualitativ, wie sich die Spannungen ändern müssen.

    d. Ändern sich im Fall der Sternschaltung *ohne* Neutralleiter die Spannungen und Ströme der *unveränderten* Lasten, wenn ein Lastwiderstand erhöht oder verringert wird?

2. Einer der drei Lastwiderstände in einer symmetrischen Dreieckschaltung wird erhöht.

    a. Was geschieht mit den Spannungen an den drei Widerständen?

    b. Ändern sich die Ströme in den Lastwiderständen? Wenn ja, welche von ihnen?

    c. Zeigen Sie anhand eines Zeigerdiagramms für die Strang- und Außenleiterströme qualitativ, welche der Außenleiterströme sich ändern. Ändern sich diese Ströme hinsichtlich ihres Betrages, hinsichtlich ihrer Phase oder in beiderlei Hinsicht?

    d. Ändern sich im Fall der Dreieckschaltung die Spannungen und Ströme der *unveränderten* Lasten, wenn ein Lastwiderstand erhöht oder verringert wird?

1 Verlustloser Übertrager

Die Abbildung rechts stellt zwei magnetisch gekoppelte, ideal leitende Wicklungen dar, die zusätzlich zu ihren Selbstinduktivitäten L_1 und L_2 eine Gegeninduktivität M aufweisen, bei denen also ein zeitlich veränderlicher Strom in der einen Wicklung eine induzierte Spannung auch in der anderen Wicklung erzeugt.

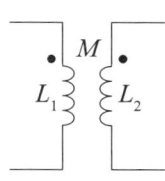

Gemäß der üblichen Konvention wird der Wicklungssinn jeder Wicklung mithilfe eines Punktes angezeigt. Wenn an den beiden mit einem Punkt markierten Seiten ein Strom in die Wicklung eintritt, haben die beiden Beiträge zum magnetischen Feld im Inneren der beiden Wicklungen die gleiche Richtung.

1.1 Ströme und Spannungen bei Leerlauf und Kurzschluss

a. Stellen Sie mithilfe der Maschenregel Gleichungen für $\underline{U}_1$ und $\underline{U}_2$ für den Fall auf, dass die Sekundärseite einen Leerlauf enthält. Erläutern Sie, wie Sie die oben eingeführte Konvention verwendet haben.

Bestimmen Sie das Spannungsverhältnis $\underline{U}_1/\underline{U}_2$ in Abhängigkeit von den Größen L_1, L_2 und M.

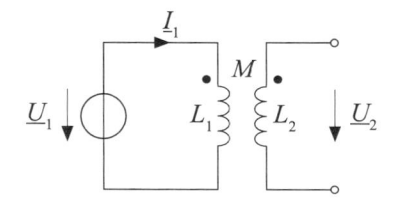

b. Wenden Sie die Maschenregel auf den Fall an, dass die Sekundärseite einen Kurzschluss enthält. Erläutern Sie, wie Sie die oben eingeführte Konvention dabei verwendet haben.

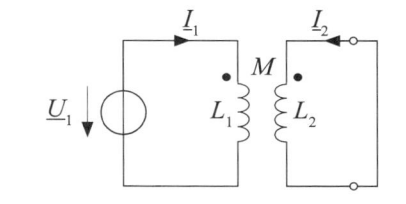

Bestimmen Sie das Stromverhältnis $\underline{I}_1/\underline{I}_2$ in Abhängigkeit von den Größen L_1, L_2 und M.

c. Ist es möglich, in den beiden betrachteten Fällen $\underline{I}_1$ in Abhängigkeit von $\underline{U}_1$ anzugeben, sofern L_1, L_2 und M bekannt sind?

Gilt dies auch für $\underline{U}_2$ (bei Leerlauf) bzw. $\underline{I}_2$ (bei Kurzschluss)?

d. Bestimmen Sie für die beiden betrachteten Fälle die Phasenverschiebungen zwischen den jeweiligen Größen und geben Sie ggf. an, welche Größe der anderen vorauseilt.

	Leerlauf	Kurzschluss
$\underline{I}_1$ und $\underline{U}_1$		
$\underline{U}_1$ und $\underline{U}_2$		✗
$\underline{I}_1$ und $\underline{I}_2$	✗	

Tutorien zur Elektrotechnik
Christian H. Kautz

1.2 Ströme und Spannungen bei allgemeiner Last

a. In die Schaltung aus Teil 1.1.a wird nun auf der Sekundärseite eine unbekannte Last eingefügt. Stellen Sie für diesen Fall mithilfe der Maschenregel Gleichungen für $\underline{U}_1$ und $\underline{U}_2$ auf.

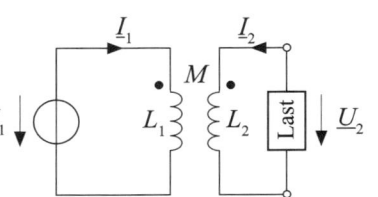

b. Ist es möglich, in diesem Fall $\underline{U}_2$ sowie $\underline{I}_1$ und $\underline{I}_2$ in Abhängigkeit von $\underline{U}_1$ anzugeben, sofern L_1, L_2 und M bekannt sind? Wenn ja, bestimmen Sie diese Größen. Wenn nicht, geben Sie an, welche andere Information Sie benötigen, um die Größen zu bestimmen.

1.3 Ersatzschaltbild

a. Welche Bedingungen müssen erfüllt sein, damit die Schaltung rechts ein Ersatzschaltbild für die Schaltung in Abschnitt 1.2 darstellt?

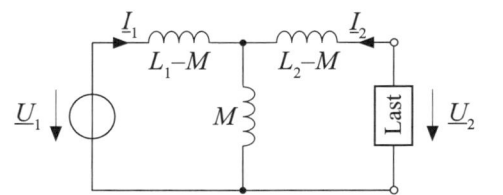

b. Stellen Sie mithilfe der Maschenregel Gleichungen für $\underline{U}_1$ und $\underline{U}_2$ auf.

c. Sind die Bedingungen, die Sie in Teil a aufgeführt haben, erfüllt?

Welche Aspekte der ursprünglichen Schaltung in Abschnitt 1.2 gibt das Ersatzschaltbild nicht wieder?

> Das hier dargestellte Ersatzschaltbild für den Übertrager aus Abschnitt 1.2 wird aufgrund der Anordnung der drei Induktivitäten häufig als *T-Ersatzschaltbild* bezeichnet.

d. Berechnen Sie die drei Induktivitäten des Ersatzschaltbildes mit den Werten $L_1 = 720\,\text{mH}$, $L_2 = 180\,\text{mH}$ und $M = k\sqrt{L_1 L_2}$ mit $k = 0{,}9$.

> Wie Ihre Ergebnisse zeigen, können die Impedanzen im T-Ersatzschaltbild auch negative Werte annehmen.

e. Der hier betrachtete Übertrager wird als *verlustfrei* bezeichnet, d. h. als ein Übertrager, in dem keine Energie dissipiert wird. Erläutern Sie anhand des Ersatzschaltbildes, dass dies tatsächlich der Fall ist.

Welche Ihrer Ergebnisse in Teil 1.1.d bestätigen diese Aussage?

Wie müsste das Schaltbild verändert werden, damit Energieverluste modellhaft dargestellt werden können?

2 Verlustloser streufreier Übertrager

2.1 Feste Kopplung

Ein Übertrager mit *fester Kopplung* (oder *streufreier* Übertrager) zeichnet sich dadurch aus, dass der gesamte durch eine Wicklung erzeugte Fluss durch die andere Wicklung durchtritt und (durch seine zeitliche Änderung) zur dort induzierten Spannung beiträgt. Diese Bedingung ist genau dann erfüllt, wenn $M = \sqrt{L_1 L_2}$ gilt.

Verwenden Sie im Folgenden auch die Näherung, dass die beiden Selbstinduktivitäten proportional zur jeweiligen Windungszahl N_1 bzw. N_2 sind.

a. Drücken Sie die Spannungs- bzw. Stromverhältnisse aus Abschnitt 1.1 für den Fall fester Kopplung mithilfe des Windungsverhältnisses $ü = N_1/N_2$ aus:
   - das Spannungsverhältnis $\underline{U}_1/\underline{U}_2$ bei Leerlauf im Sekundärkreis,

   - das Stromverhältnis $\underline{I}_1/\underline{I}_2$ bei Kurzschluss im Sekundärkreis.

b. Woran lässt sich erkennen, dass bei den bisher getroffenen Annahmen das Stromverhältnis im Kurzschlussfall nicht auch im Leerlauffall gelten kann?

2.2 Idealer Übertrager

a. Alle Induktivitäten werden nun um den gleichen Faktor vergrößert, so dass ihre Verhältnisse L_1/L_2 und L_i/M gleich bleiben. Was folgt hieraus für den Primärstrom bei Leerlauf im Sekundärkreis?

b. Welchen Wert nimmt der Primärstrom bei Leerlauf im Sekundärkreis im Grenzfall unendlich großer Induktivitäten (bei weiterhin konstantem Verhältnis L_1/L_2) an?

> Die hier getroffenen Annahmen, also Verlustfreiheit, feste Kopplung und unendlich große Permeabilität des Kerns (die unendlich große Selbstinduktivitäten zur Folge hat), charakterisieren den *idealen* Übertrager. Die in Abschnitt 2.1 bestimmten Spannungs- und Stromverhältnisse gelten unter diesen Voraussetzungen bei beliebigen Lasten. Der ideale Übertrager wird häufig als Teil der modellhaften Darstellung tatsächlicher Übertrager und Transformatoren verwendet. Dies soll in den folgenden Abschnitten und in den Übungen angewendet werden.

c. Warum werden im Symbol für den idealen Übertrager (siehe Abbildung rechts) nur das Windungs- oder *Übersetzungsverhältnis ü*, nicht jedoch die Selbst- und Gegeninduktivitäten angegeben?

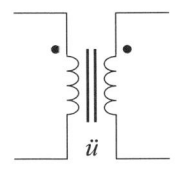

2.3 Transformation der Lastimpedanzen

Eine Last mit Impedanz $\underline{Z}_L$ wird wie in Abschnitt 1.2 sekundärseitig an die Klemmen eines idealen Übertragers angeschlossen.

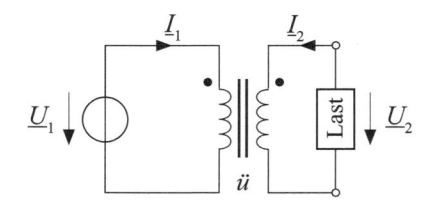

a. Bestimmen Sie die folgenden Größen in Abhängigkeit von $\underline{U}_1$, dem Übersetzungsverhältnis und der Lastimpedanz:

- die Spannung $\underline{U}_2$ an der Last auf der Sekundärseite,

- den Sekundärstrom $\underline{I}_2$,

- den Primärstrom $\underline{I}_1$.

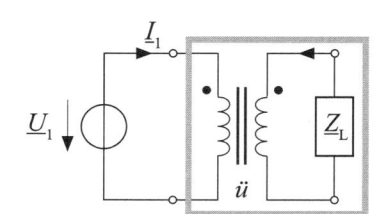

b. Angenommen, die Anordnung aus Übertrager und Sekundärkreis (im oberen Bild grau umrahmt) sollte durch eine Last im Primärkreis ersetzt werden, so dass $\underline{U}_1$ und $\underline{I}_1$ unverändert bleiben. Welche Impedanz $\underline{Z}'_L$ müsste diese Last besitzen?

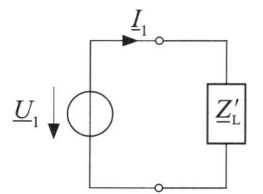

3 Ersatzschaltbilder mit idealem Übertrager

Aufgrund der einfachen Zusammenhänge zwischen Primär- und Sekundärgrößen beim idealen Übertrager bietet es sich an, einen realen Übertrager durch ein Ersatzschaltbild darzustellen, das aus einem idealen Übertrager und einer zusätzlichen T-Ersatzschaltung besteht. Letztere kann dann so gewählt werden, dass sie nur die Abweichungen vom idealen Verhalten wiedergibt.

3.1 Ersatzschaltbild für den verlustlosen Übertrager

In der Abbildung rechts ist ein verlustloser Übertrager durch ein T-Ersatzschaltbild mit einem idealen Übertrager (mit Übersetzungsverhältnis $ü = \sqrt{L_1/L_2}$) dargestellt.

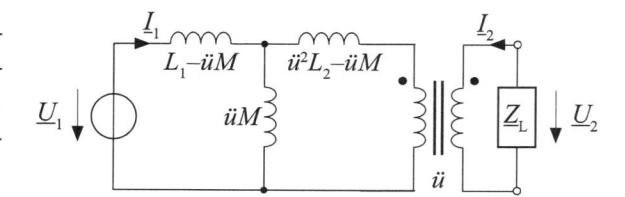

a. Stellen Sie mithilfe der Maschenregel Gleichungen für $\underline{U}_1$ und $\underline{U}_2$ auf. (*Hinweis:* Verwenden Sie das Übersetzungsverhältnis zur Transformation von Sekundärstrom und -spannung in den Primärkreis.)

b. Lässt sich die Schaltung als Ersatzschaltbild für den Übertrager in Abschnitt 1.2 interpretieren? Begründen Sie Ihre Antwort.

c. Berechnen Sie die drei Induktivitäten des Ersatzschaltbildes mit den Werten $L_1 = 720\,\text{mH}$, $L_2 = 180\,\text{mH}$ und $M = k\sqrt{L_1 L_2}$ mit $k = 0{,}9$.

Welche Unterschiede zum T-Ersatzschaltbild in Abschnitt 1.2 stellen Sie fest?

d. Angenommen, der Übertrager würde so verändert, dass feste Kopplung ($k = 1$) erreicht wird. Bestimmen Sie unter diesen Voraussetzungen erneut die drei Induktivitäten und vervollständigen Sie das Ersatzschaltbild.

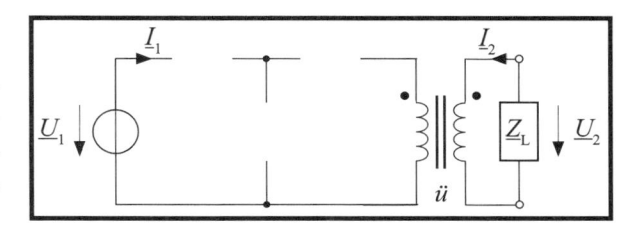

Erläutern Sie, inwiefern für die Induktivitäten $L_1 - \ddot{u}M$ und $\ddot{u}^2 L_2 - \ddot{u}M$ der Begriff *Streuinduktivitäten* angemessen ist.

e. Welche weiteren Annahmen müssen getroffen werden, um zum Modell des idealen Übertragers zu gelangen?

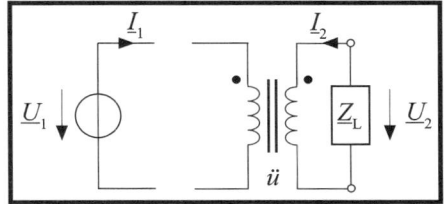

Welche Auswirkungen hat dies auf das Ersatzschaltbild?

3.2 Ersatzschaltbild für den verlustbehafteten Übertrager

In realen Übertragern wird ein Teil der elektrischen Energie in thermische Energie umgewandelt. Die aufgrund des ohmschen Widerstandes der Wicklungen dissipierten Leistungen werden als *Windungs-* oder *Kupferverluste* bezeichnet, die vom Magnetfeld durch Hysterese und Wirbelströme dissipierte Leistung als *Kern-* oder *Eisenverluste*.

Die Abbildung rechts zeigt ein Ersatzschaltbild für einen verlustbehafteten Übertrager.

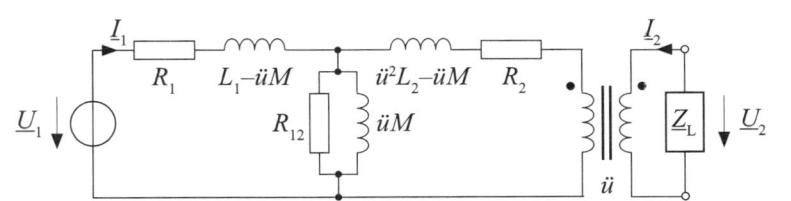

a. Welche der an den Widerständen abgegebenen Leistungen hängen unmittelbar vom Strom durch *eine* der Wicklungen ab? Welche von Spannung oder Strom *beider* Wicklungen?

b. Ordnen Sie die drei Widerstände jeweils einem Verlustmechanismus zu.

ÜBUNG — TRANSFORMATOREN UND ÜBERTRAGER

1. Bei der Festlegung der Zählpfeile in Transformatorschaltungen wird häufig auf der Sekundärseite eine andere als die hier verwendete Konvention benutzt, d. h. der Strompfeil I_2 wird wie im Schaltbild rechts im Uhrzeigersinn positiv definiert.

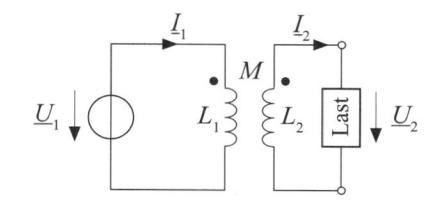

   a. Stellen Sie nun für die geänderte Konvention der Abbildung rechts entsprechend Teil 1.2.a im Tutorial mithilfe der Maschenregel Gleichungen für U_1 und U_2 auf.

   b. Was ändert sich entsprechend an Ihren Ergebnissen in Abschnitt 2.3 des Tutorials?

TEIL V

Nicht-lineare und aktive Bauelemente

Transistorschaltungen	165
Tutorial	165
Übung	169
Operationsverstärker	171
Tutorial	171
Übung	175

TUTORIAL: TRANSISTORSCHALTUNGEN

In diesem Tutorial sollen Schaltungen untersucht werden, die Transistoren enthalten. Voraussetzung für das erfolgreiche Bearbeiten dieses Tutorials ist ein gutes Verständnis von nicht-idealen Quellen und Arbeitsgeraden. Falls notwendig, kann dieses Thema anhand des Tutorials *Quellen und Arbeitsgeraden* in Teil II dieses Buches wiederholt werden.

1 MOS-Transistor

Die Abbildung rechts zeigt das Schaltbild eines MOSFET (*metal-oxide-semiconductor field-effect transistor*). Im Diagramm darunter ist der Drain-Strom I_D dieses MOS-Transistors als Funktion der Drain-Source-Spannung U_{DS} bei verschiedenen Werten der Gate-Source-Spannung U_{GS} dargestellt.

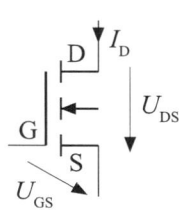

1.1 *Linearer oder Widerstandsbereich*

a. Bestimmen Sie den Bereich im Diagramm, der die Bedingung $U_{DS} < U_{GS} - U_t$ erfüllt, wobei U_t die Schwellenspannung des MOSFET ist und einen Wert von etwa 1 Volt besitzt. Tragen Sie die Kurve, welche diesen Bereich begrenzt, farbig in ihr Diagramm ein.

In diesem Bereich ist der Drain-Strom näherungsweise durch die folgende Gleichung gegeben (wobei K_n eine Konstante ist, die von geometrischen und Materialeigenschaften des Transistors abhängt):

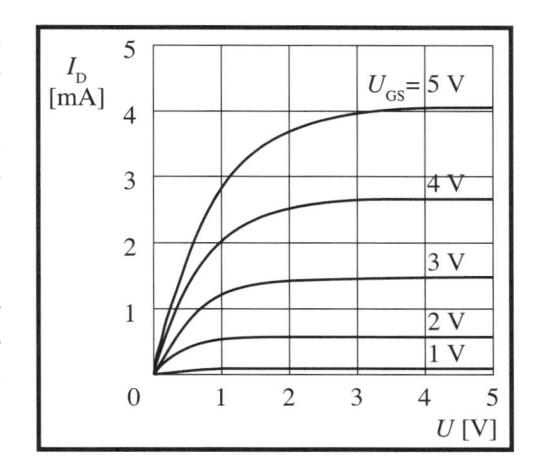

$$I_D = K_n((U_{GS} - U_t)U_{DS} - \tfrac{1}{2}U_{DS}^2)$$

b. Wie hängt der Drain-Strom nach dieser Gleichung von der *Drain-Source*-Spannung ab?

Woran ist diese Abhängigkeit im obigen Diagramm zu erkennen?

c. Wie hängt der Drain-Strom nach dieser Gleichung von der *Gate-Source*-Spannung ab?

Woran ist diese Abhängigkeit im obigen Diagramm zu erkennen?

1.2 *Aktiver oder Sättigungsbereich*

Für $U_{DS} > U_{GS} - U_t$ ist der Drain-Strom näherungsweise durch die folgende Gleichung gegeben:

$$I_D = \tfrac{1}{2}K_n(U_{GS} - U_t)^2$$

a. Wie hängt der Drain-Strom nach dieser Gleichung von der *Drain-Source*-Spannung ab?

Woran ist diese Abhängigkeit im obigen Diagramm zu erkennen?

b. Wie hängt der Drain-Strom nach dieser Gleichung von der *Gate-Source*-Spannung ab?

Woran ist diese Abhängigkeit im obigen Diagramm zu erkennen?

1.3 *MOS-Transistor als Zweipol*

In der hier betrachteten Schaltung ist der MOSFET durch eine leitende Verbindung von Drain und Gate in einen Zweipol umgewandelt worden.

a. Welche Bedingung ergibt sich durch diese Verbindung für U_{GS}?

b. Skizzieren Sie im Diagramm auf der vorigen Seite die sich daraus ergebende Kennlinie. (Verwenden Sie dazu möglichst eine andere Farbe als in Teil 1.1.a.)

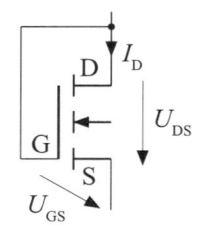

c. In welchem Bereich liegt diese Kennlinie?

Warum tritt jetzt nur noch eine einzige Kennlinie auf und warum entspricht diese nicht einer der Kennlinien im ursprünglichen Diagramm?

Welches andere Halbleiterbauteil hat eine ähnliche Kennlinie?

Der MOS-Transistor wird jetzt in die im Diagramm rechts gezeigte Schaltung eingefügt. Es sind folgende Zahlenwerte gegeben: $U_S = 6\,\text{V}$, $R_1 = 600\,\Omega$, $R_2 = 1200\,\Omega$ und $R_3 = 400\,\Omega$.

d. Bestimmen Sie die Leerlaufspannung und den Kurzschlussstrom dieser Schaltung bezüglich einer allgemeinen Last anstelle des MOS-Transistors. (*Hinweis:* Wiederholen Sie diese Begriffe, falls notwendig, anhand des Tutorials *Quellen und Arbeitsgeraden.*)

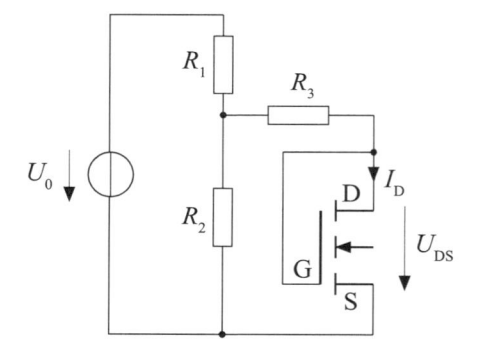

e. Tragen Sie die Arbeitsgerade in das Kennliniendiagramm auf der vorigen Seite ein und bestimmen Sie den Arbeitspunkt für die betrachtete Schaltung.

f. In der vorigen Aufgabe haben Sie die Arbeitsgerade in ein Diagramm von I_D (über U_{DS}) eingetragen. Allgemein stellt die Arbeitsgerade jedoch einen Zusammenhang zwischen dem *gesamten* Strom durch die Last und der an ihr anliegenden Spannung dar. Welche Annahme mussten Sie für die Darstellung von I_D treffen und warum ist diese Annahme gerade für einen MOS-Transistor gerechtfertigt?

2 Arbeitspunkt eines Bipolar-Transistors

Das Schaltbild rechts enthält einen *npn*-Transistor in Emitter-Schaltung. Zahlenwerte für die Widerstände R_1, R_2, R_C und R_E, die Stromverstärkung $\beta = I_C/I_B$ und die angelegte Gleichspannung U_S sind unten angegeben.

2.1 Vorbetrachtungen und Näherungen

a. Begründen Sie, warum für die Bestimmung des Arbeitspunktes keine Ströme über die Kapazitäten C_1, C_2 und C_E berücksichtigt werden müssen.

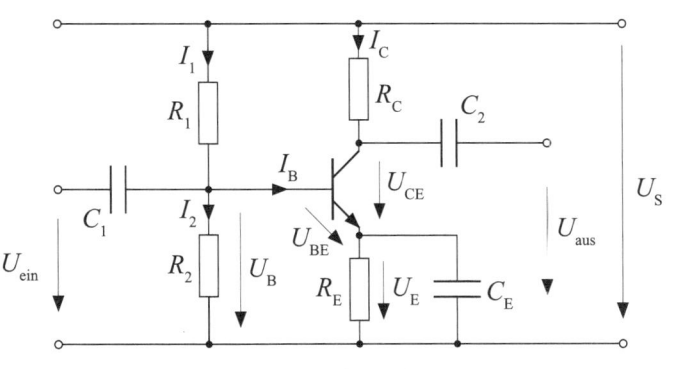

Zur weiteren Vereinfachung treffen wir die folgenden beiden Annahmen:
- Der Basisstrom I_B soll klein gegenüber dem Strom I_1 durch R_1 sein (d. h. $I_B << I_1$).
- Die Basis-Emitter-Spannung soll unabhängig vom Basisstrom den Wert $U_{BE} = 0{,}7\,\text{V}$ haben.

b. Was lässt sich aufgrund der ersten der beiden Annahmen über den Zusammenhang zwischen I_1 und I_2 (bzw. zwischen I_C und I_E) aussagen?

2.2 Näherungslösung

In den folgenden Schritten soll der Arbeitspunkt des Transistors in der vorliegenden Schaltung schrittweise bestimmt werden. Verwenden Sie die folgenden Werte:
$R_1 = 220\,\text{k}\Omega$, $R_2 = 56\,\text{k}\Omega$, $R_3 = 6{,}8\,\text{k}\Omega$, $R_E = 2{,}2\,\text{k}\Omega$, $U_S = 20\,\text{V}$ und $\beta = 150$.

a. Berechnen Sie U_B. Geben Sie an, welche der oben aufgeführten Näherungen Sie verwendet haben und wie diese Näherung Ihre Berechnung vereinfacht.

b. Berechnen Sie U_E.

c. Berechnen Sie I_E und I_C.

d. Berechnen Sie U_C und U_{CE}.

2.3 Überprüfen der Annahmen

a. Berechnen Sie mithilfe der Stromverstärkung $\beta = 150$ und Ihrem Ergebnis für I_C aus Teil 2.2.c den Basisstrom I_B.

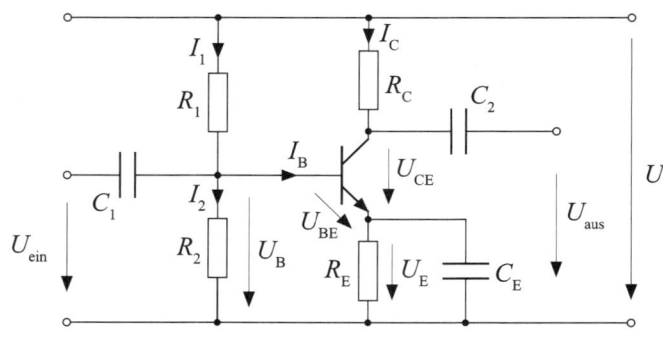

b. Wie gut ist die erste der obigen Näherungen erfüllt?

$R_1 = 220\,\text{k}\Omega$, $R_2 = 56\,\text{k}\Omega$, $R_3 = 6{,}8\,\text{k}\Omega$
$R_E = 2{,}2\,\text{k}\Omega$, $U_S = 20\,\text{V}$, $\beta = I_C/I_B = 150$

c. Liegt der tatsächliche Wert von U_B aufgrund der Tatsache, dass I_B nicht genau Null ist, über oder unter dem berechneten Wert? Begründen Sie.

d. Wie wirkt sich dies auf U_E, U_C und U_{CE} aus? Begründen Sie.

2.4 Exakte Lösung

a. Stellen Sie unter der Annahme, dass I_B nicht Null ist, ein lineares Gleichungssystem auf, mit dem Sie I_B, I_C und U_{CE} bestimmen können. Verwenden Sie jedoch weiterhin die Näherung $U_{BE} = 0{,}7\,\text{V}$.

b. Welche Verfahren haben Sie verwendet, um die Gleichungen aufzustellen? Welche physikalischen Zusammenhänge (z. B. Kirchhoff'sche Gesetze, Ohm'sches Gesetz usw.) liegen ihnen zugrunde? Welche Zusammenhänge sind spezifisch für eine Transistorschaltung?

c. Lösen Sie das Gleichungssystem.

d. Welche weiteren Informationen benötigen Sie, um einen Wert für die Basis-Emitter-Spannung U_{BE} zu *berechnen,* ohne die Näherung $U_{BE} = 0{,}7\,\text{V}$ zu verwenden? (Gehen Sie davon aus, dass die Stromverstärkung β wie zuvor den Wert 150 annimmt.)

ÜBUNG — TRANSISTORSCHALTUNGEN

1. Die Transistorschaltung aus Abschnitt 2 des Tutorials ist hier vereinfacht noch einmal dargestellt. Alle Bauelemente, welche für die Bestimmung des Arbeitspunktes keine Bedeutung haben, wurden aus dem Schaltbild entfernt.
   Die Abbildung direkt darunter stellt ein mögliches Ersatzschaltbild für die Schaltung dar.

   a. Erläutern Sie, inwiefern die im Ersatzschaltbild dargestellte Schaltung für die Bestimmung des Arbeitspunktes gleichwertig ist.

   b. Bestimmen Sie die Werte von U_0 und R_0.

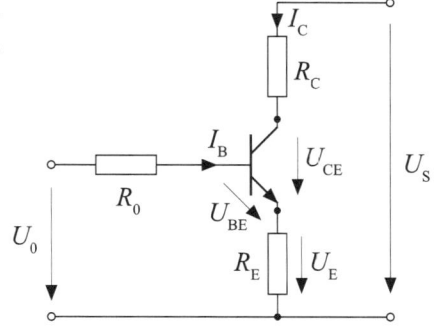

   Im Ersatzschaltbild rechts wurde nun auch der Transistor durch eine äquivalente Anordnung anderer Bauelemente ersetzt.

   c. Welche Besonderheit muss für die hier eingeführte Stromquelle gelten?

   d. Bestimmen Sie I_C mit den Werten für R_C, R_E, β, R_0 und U_0 aus Abschnitt 2 des Tutorials bzw. aus Teil b dieser Aufgabe.

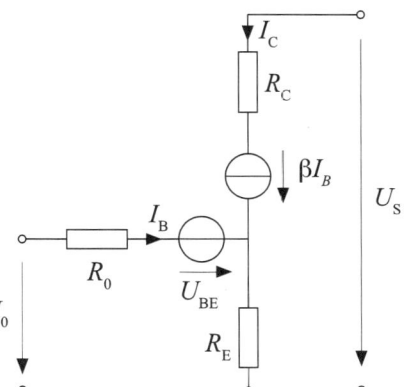

   e. Wiederholen Sie Ihre Berechnung für eine doppelt so große Stromverstärkung, also $\beta = 300$. Wie stark unterscheidet sich Ihr Ergebnis für I_C vom vorherigen Wert?

Tutorien zur Elektrotechnik
Christian H. Kautz

TUTORIAL: OPERATIONSVERSTÄRKER

In diesem Tutorial untersuchen wir das Verhalten von Verstärkerschaltungen, die *Operationsverstärker* enthalten. Im Verlauf dieser Betrachtungen soll deutlich werden, dass die Übertragungseigenschaften solcher Schaltungen nicht mehr von den Parametern des Operationsverstärkers abhängen, sondern nur noch vom Aufbau der umgebenden Schaltung.

1 Invertierende Schaltung mit nicht-idealem Operationsverstärker

Die Schaltung rechts enthält eine modellhafte Darstellung eines nicht-idealen Operationsverstärkers mit Differenzverstärkung A, Eingangswiderstand R_{ein} und Ausgangswiderstand R_{aus}. Die Differenzverstärkung gibt an, um welchen Faktor die eingezeichnete Quellenspannung U_A größer ist als die Potentialdifferenz der beiden Eingänge, d. h. $U_A = A \cdot U_D = A \cdot (V_+ - V_-)$.

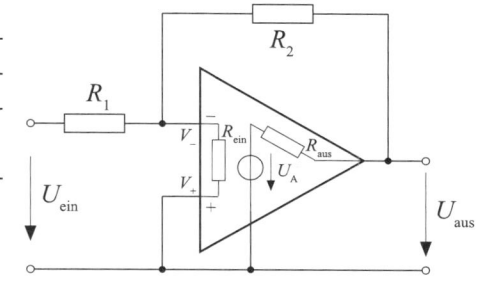

1.1 *Überblick über die auftretenden Variablen und Parameter*

a. Überprüfen Sie, ob alle auftretenden Potentiale und Spannungen im Schaltbild gekennzeichnet sind. Wenn nicht, führen Sie die fehlenden Größen ein und markieren Sie sie im Schaltbild.

b. Kennzeichnen Sie alle Ströme in der Schaltung.

c. Sortieren Sie alle Größen nach den folgenden Kategorien:

- Parameter des Operationsverstärkers (als bekannt vorausgesetzt)

- übrige Parameter der Schaltung (ebenfalls als bekannt vorausgesetzt)

- gesuchte Größe (soll bestimmt werden)

- Eingangsgröße (variabel, aber als bekannt vorausgesetzt)

- andere unbekannte Größen (sollen eliminiert werden)

Beachten Sie, dass mehr als eine Kategorisierung möglich ist. Legen Sie sich jedoch in Ihrer Arbeitsgruppe auf eine Antwort fest.

1.2 *Aufstellen der Gleichungen für eine exakte Lösung*

a. Stellen Sie Netzwerkgleichungen mit dem Ziel auf, die gesuchte Größe zu bestimmen. Geben Sie dabei für jede der Gleichungen an, welche physikalische Gesetzmäßigkeit sich darin ausdrückt.

b. Falls Sie dies nicht bereits getan haben, eliminieren Sie diejenigen unter den „anderen unbekannten Größen", die gleich Null sind oder sich als Summe, Differenz, Produkt oder Quotient von zwei anderen Größen darstellen lassen.
Streichen Sie diese Größen aus Ihrer Liste in Teil 1.1.c und stellen Sie die verbleibenden Gleichungen hier noch einmal übersichtlich dar.

c. Lässt sich mit den vorhandenen Gleichungen eine Lösung für U_aus in Abhängigkeit von U_ein angeben? (*Hinweis:* Betrachten Sie hierzu die Anzahl der unbekannten Größen sowie die Anzahl der vorhandenen Gleichungen.)

Wenn sich keine Lösung angeben lässt, welche weitere Information ist nötig, um eine Lösung zu finden? (*Hinweis:* Der Operationsverstärker enthält unter anderem eine nicht-ideale Spannungsquelle. Von welchen Größen hängt die Klemmenspannung einer nicht idealen Quelle im Allgemeinen ab?)

1.3 *Verschwindender Ausgangswiderstand*

a. Welche der Gleichungen vereinfachen sich unter der Annahme, dass der Ausgangswiderstand R_aus gleich Null ist?

b. Stellen Sie nun nur die (ggf. vereinfachten) Gleichungen dar, die nötig sind, um U_aus zu bestimmen.

c. Überprüfen Sie, dass die Anzahl der Gleichungen ausreicht, um die Ausgangs*spannung* zu bestimmen, ohne den Lastwiderstand zu kennen. (Für den Ausgangs*strom* gilt dies nicht.)

Das Lösen des Gleichungssystems führt zu dem unten links angegebenen Ausdruck für U_aus. In einer der folgenden Teilaufgaben sollen Sie die Auswirkungen verschiedener Näherungen auf U_aus und V_- untersuchen. Der entsprechende Ausdruck für V_- ist hier deshalb ebenfalls angegeben, wobei $V_+ = 0$ gesetzt wurde.

$$U_\text{aus} = -\frac{R_2}{R_1 + \frac{1}{A}(R_1 + R_2\frac{R_1+R_\text{ein}}{R_\text{ein}})} U_\text{ein} \qquad V_- = \frac{R_2}{(A+1)R_1 + R_2\frac{R_1+R_\text{ein}}{R_\text{ein}}} U_\text{ein}$$

d. Nachdem Sie das vorliegende Tutorial vollständig bearbeitet haben, sollten Sie die Umformungen, die zu den beiden obigen Ausdrücken führen, selbst nachvollziehen. Bei Interesse könnten Sie zudem versuchen, eine exakte Lösung (für $R_\text{aus} > 0$ und endliches R_Last) zu finden.

1.4 Spannungsverstärkung der betrachteten Schaltung

In diesem Abschnitt soll untersucht werden, welche Werte die Spannungsverstärkung der betrachteten Schaltung annimmt, wenn bestimmte Parameterwerte angenommen werden. Dabei ist von besonderem Interesse, wie stark das Ergebnis von den genauen Werten des Operationsverstärkers abhängt.

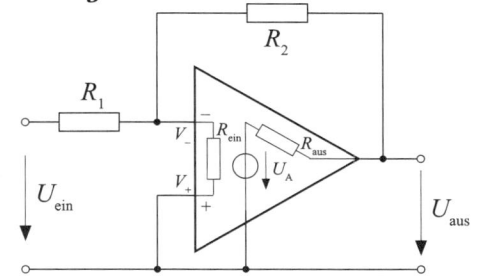

a. Geben Sie die Spannungsverstärkung $U_\text{aus}/U_\text{ein}$ unter Verwendung der Größenverhältnisse $R_2 = 50 R_1$ und $R_\text{ein} = 10^3 R_1$ in Abhängigkeit von R_1 und A an.

b. Berechnen Sie die Spannungsverstärkung für die folgenden Werte der Differenzverstärkung:
- $A = 10^4$
- $A = 10^5$

c. Verwenden Sie nun das Größenverhältnis $R_2 = 20 R_1$ (und $R_\text{ein} = 10^3 R_1$ wie zuvor) und berechnen Sie erneut die Spannungsverstärkung für die folgenden Werte der Differenzverstärkung:
- $A = 10^4$
- $A = 10^5$

d. Verwenden Sie nun das Größenverhältnis $R_\text{ein} = 10^4 R_1$ (und $R_2 = 20 R_1$ wie eben) und berechnen Sie erneut die Spannungsverstärkung für die folgenden Werte der Differenzverstärkung:
- $A = 10^4$
- $A = 10^5$

e. Welchen Wert nimmt die Spannungsverstärkung im Grenzfall $A \to \infty$ bei hinreichend großem Eingangswiderstand R_ein an?

Lässt sich dieses Ergebnis bereits an dem auf der vorigen Seite angegebenen Ausdruck für U_aus ablesen?

f. Von welchen Größen hängt die Spannungsverstärkung für den hier untersuchten Parameterbereich in erster Linie ab: von der Differenzverstärkung A und dem Eingangswiderstand R_ein des Operationsverstärkers oder von den Werten von R_1 und R_2?

2 Idealer Operationsverstärker

Ein idealer Operationsverstärker ist charakterisiert durch eine unendlich große Differenzverstärkung ($A \to \infty$), einen unendlich großen Eingangswiderstand ($R_\text{ein} \to \infty$) und einen verschwindenden Ausgangswiderstand ($R_\text{aus} \to 0$). Die Abbildung rechts zeigt einen idealen Operationsverstärker als Teil der zuvor betrachteten Schaltung.

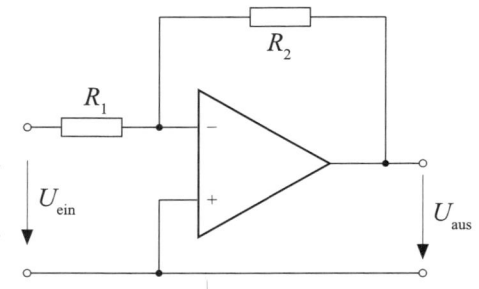

2.1 Folgerungen aus den Annahmen für den idealen Operationsverstärker

a. Welchen Wert nimmt das Potential V_- am invertierenden Eingang im Grenzfall $A \to \infty$ an? (*Hinweis:* Verwenden Sie den in Abschnitt 1.3 angegebenen Ausdruck.)

b. Welche Näherungen für den *idealen* Operationsverstärker legen Ihre Ergebnisse in Abschnitt 1.4 nahe?
   - für die Differenzspannung $U_\text{D} = V_+ - V_-$
   - für die Eingangsströme I_+ und I_-

c. Erläutern Sie, wie sich mit den obigen Näherungen die Ausgangsspannung durch einmaliges Anwenden der Maschenregel sofort bestimmen lässt.

2.2 Anwendung: Verstärkerschaltung mit reaktiven Bauteilen

In der obigen Schaltung mit idealem Operationsverstärker wird der Rückkopplungswiderstand R_2 durch eine Parallelschaltung eines Widerstandes mit einer Kapazität ersetzt.

a. Geben Sie mithilfe der oben eingeführten Näherungen einen Ausdruck für die komplexwertige Übertragungsfunktion (oder Spannungsverstärkung) $\underline{h}(\omega) = \underline{U}_\text{aus}/\underline{U}_\text{ein}$ an.

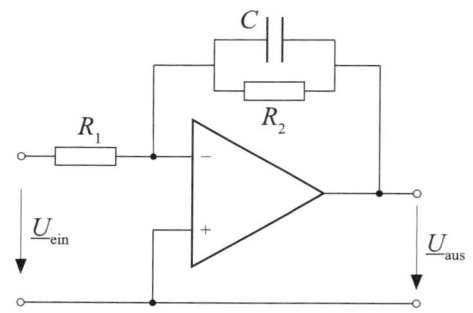

b. Beschreiben Sie qualitativ die Frequenzabhängigkeit der Übertragungsfunktion.

Warum ist der Begriff *aktives Filter* für diese Schaltung sinnvoll?

c. Welche Vorteile hat die Verwendung eines aktiven Filters gegenüber der Verwendung passiver Filter, die Sie im Tutorial *Bode-Diagramme* betrachtet haben?

ÜBUNG — OPERATIONSVERSTÄRKER

1. Im Tutorial *Bode-Diagramme* haben Sie das rechts dargestellte passive Filter betrachtet und die folgende komplexwertige Übertragungsfunktion $\underline{h}_2(\omega)$ gefunden. (Um die Unterscheidung zwischen den beiden Filtertypen zu erleichtern, verwenden wir nun gestrichene Variablen für die Größen beim passiven Filter.)

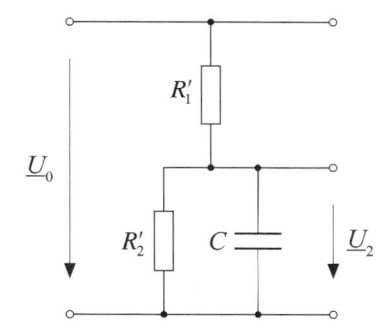

$$\underline{h}'_2(\omega) = \frac{\underline{U}_2}{\underline{U}_0} = \frac{R'_2}{R'_1 + R'_2} \cdot \frac{1}{1 + j\omega \frac{R'_1 \cdot R'_2}{R'_1 + R'_2} C'}$$

a. Vergleichen Sie qualitativ die Frequenzabhängigkeit dieses passiven Filters mit der des aktiven Filters in Abschnitt 2.2 im Tutorial.

b. Angenommen, die Kapazitäten C und C' in den beiden Schaltungen haben die gleichen Werte. Wie müssen dann die Größen R_1 und R_2 des aktiven Filters in Abhängigkeit von R'_1 und R'_2 gewählt werden, so dass die beiden Schaltungen (abgesehen vom Vorzeichen) gleiche Übertragungsfunktionen haben?

Sind R_1 und R_2 durch R'_1 und R'_2 eindeutig bestimmt?

c. Bestimmen Sie den Betrag der Übertragungsfunktion $|\underline{h}(\omega)|_{\mathrm{dB}}$ (oder $|\underline{h}'_2(\omega)|_{\mathrm{dB}}$) in logarithmischer Darstellung.

$|\underline{h}(\omega)|_{\mathrm{dB}} =$

d. Skizzieren Sie das Bode-Diagramm für den Betrag der Übertragungsfunktion.

e. Betrachten Sie die Ausdrücke für R_1 und R_2 in Abhängigkeit von R'_1 und R'_2. Lässt sich bei beliebigen Werten von R'_1 und R'_2 etwas über die relative Größe von R_1 und R_2 sagen?

Was folgt daraus für den Betrag der Übertragungsfunktion $|\underline{h}_2(\omega)|$ bei niedrigen Frequenzen?

f. Angenommen, die Größen R_1 und R_2 des aktiven Filters würden nun beliebig gewählt, also nicht mehr in Übereinstimmung mit der Bedingung in Teil 1.2. Welche Werte kann $\underline{h}_2(\omega)$ im Grenzwert für $\omega \to 0$ annehmen?

Was folgt daraus für das Bode-Diagramm von $|\underline{h}_2(\omega)|$?

g. Welcher Aspekt eines Bode-Diagramms lässt gegebenenfalls sofort erkennen, dass es sich um die Übertragungsfunktion eines aktiven Filters handelt?